"十四五"新工科应用型教材建设项目成果

21世纪技能创新型人才培养系列教材
机械设计制造系列

金工实习

主　审◎万晓航
主　编◎解景浦　王智能
副主编◎胡孟谦　梁向东　谢　毅
章　毅　吴　勇　王新淑
王冬雪

中国人民大学出版社
·北京·

图书在版编目（CIP）数据

金工实习 / 解景浦，王智能主编．-- 北京：中国人民大学出版社，2023.6

21 世纪技能创新型人才培养系列教材．机械设计制造系列

ISBN 978-7-300-31777-9

Ⅰ．①金… Ⅱ．①解… ②王… Ⅲ．①金属加工－实习－教材 Ⅳ．① TG-45

中国国家版本馆 CIP 数据核字（2023）第 096854 号

"十四五"新工科应用型教材建设项目成果

21 世纪技能创新型人才培养系列教材·机械设计制造系列

金工实习

主　审　万晓航

主　编　解景浦　王智能

副主编　胡孟谦　梁向东　谢　毅　章　毅　吴　勇　王新淑　王冬雪

Jingong Shixi

出版发行	中国人民大学出版社		
社　　址	北京中关村大街 31 号	邮政编码	100080
电　　话	010－62511242（总编室）		010－62511770（质管部）
	010－82501766（邮购部）		010－62514148（门市部）
	010－62515195（发行公司）		010－62515275（盗版举报）
网　　址	http://www.crup.com.cn		
经　　销	新华书店		
印　　刷	中煤（北京）印务有限公司		
开　　本	787 mm × 1092 mm　1/16	版　　次	2023 年 6 月第 1 版
印　　张	11	印　　次	2023 年 6 月第 1 次印刷
字　　数	215 000	定　　价	49.00 元

前言

党的二十大报告指出，教育、科技、人才是全面建设社会主义现代化国家的基础性、战略性支撑。教育是国之大计、党之大计。职业教育是我国教育体系的重要组成部分，肩负着“为党育人、为国育才”的神圣使命。本教材以习近平新时代中国特色社会主义思想为指导，深入贯彻落实党的二十大精神，将思想道德建设与专业素质培养融为一体，着力培养爱党爱国、敬业奉献，具有工匠精神的高素质技能人才。

金工实习是本科及高职高专工科专业学生的重要实践教学环节之一，是一门传授机械制造基础知识和技能的技术型基础课，也是机械类、近机械类各专业教学中重要的实践环节。学生在金工实习过程中，通过实践操作，可以将有关机械制造的基本工艺知识、基本工艺方法有机结合，从而达到理论与实践共同提高的目的，进而建立工程思维、提升动手能力和解决实际问题的能力。

随着教学改革的逐渐深入，职业教育的人才培养方向正由技能型向能力型转化，职业本科及高职高专在重视职业技术的基础上逐渐向知识理论全面、能力素质强化、创新思维综合能力提升方向发展。

本教材注重科学性和严谨性，力求简明扼要、突出重点，以教学基本要求为主导，紧密联系生产实际，通过典型实训帮助学生快速掌握机械制造技能的基本理论和方法。主要讲解了车工技能、钳工技能等知识点，涵盖基本理论、基本实践、典型实训。其中，基本理论部分要求学生理解相关概念，基本实践部分要求学生掌握各种操作要领，典型实训部分基于工作过程构建，同时结合国家职业技能考核标准，为学生考取职业资格证书提供帮助。

本教材采用活页方式装订，教师和学生可以灵活方便地对教材内容进行组合、增减和替换，充分体现了教材建设以使用者为中心的理念，进一步满足了教师教学和学生学习的个性化要求，适应职业岗位能力培养和发展的需要。

本教材由河北工业职业技术大学解景浦、王智能主编，胡孟谦（河北工业职业技术大学）、梁向东（河北工业职业技术大学）、谢毅（重庆三峡职业学院）、章毅（池州职业技术学院）、吴勇（河北交通职业技术学院）、王新淑（石家庄装备制造学校）、王冬雪（吉林工程职业学院）任副主编，万晓航任主审。

本教材在编写过程中参考了专家和学者的有关文献及资料，在此一并表示感谢！

由于时间仓促，加之编者水平有限，书中难免存在疏漏和不足之处，恳请广大读者批评指正。

编　者

目录

模块一

1 钳工技能

模块二 2 车工技能

模块一

1

钳工技能

单元一　钳工理论

任务一　钳工基础知识

理论学习工单一
训练任务：学习钳工相关理论知识 请结合本任务所学回答以下问题： 1. 简述钳工的概念及特点。   2. 钳工的基本操作包括哪些?   3. 钳工的工作范围包括哪些?   4. 简述如何掌握钳工技能。

一、钳工的概念及特点

钳工加工是利用钳工工具以手工操作为主的切削加工方法，即手持工具对夹紧在台虎钳上的工件进行切削加工，钳工是机械制造领域的重要工种之一，具有以下特点：

（1）加工灵活。在不适合进行机械加工的场合，尤其是在机械设备维修时，钳工加工可得到满意的效果。

（2）可加工形状复杂且精度高的零件。技术熟练的钳工可加工出比现代化机床加工的零件还要精密、光洁且形状非常复杂的零件，如高精度量具、样板、复杂的模具等。

（3）投资小。钳工所用工具和设备价格低廉，携带方便。

（4）生产效率低，劳动强度大。

（5）加工质量不稳定。加工质量受工人技术熟练程度的影响。

二、钳工的基本操作和工作范围

1. 钳工的基本操作

（1）辅助性操作，即划线，根据图样在毛坯或半成品工件上划出加工界线。

（2）切削性操作，即錾削、锯削、锉削、钻孔（扩孔、铰孔）、攻螺纹、套螺纹、刮削、研磨等。

（3）装配性操作，即装配，将零件或部件按图样技术要求组装成机器。

（4）维修性操作，即维修，对在役机械、设备进行检查、维修。

2. 钳工工作范围

（1）加工前的准备工作，如清理毛坯，在毛坯或半成品工件上划线等。

（2）单件零件的修配性加工。

（3）零件装配时的钻孔、铰孔、攻螺纹和套螺纹等。

（4）加工精密零件，如刮削或研磨机器、量具和工具的配合面，涉及夹具与模具的精加工等。

（5）零件装配时的配合修整。

（6）机器的组装、试车、调整和维修等。

三、钳工工作的作用与要求

钳工是一种比较复杂、细微、工艺要求较高的工作。目前，虽然有各种先进的加工方法，但钳工具有所用工具简单，加工多样灵活，操作方便，适应面广等特点，故有很多工作仍需要由钳工来完成。因此，在机械制造及机械维修领域，钳工具有特殊的、不可替代的作用。需要注意的是钳工操作劳动强度大、生产效率低、对工人技术水平要求较高。

钳工技能的提升需要加强基本练习，做到严格要求，规范操作，多练多思，勤劳创新。熟练的操作技能是进行产品生产的基础，必须掌握，这样才能在今后的工作中达到得心应手、运用自如的水平。

钳工基本操作项目较多，各项技能又具有一定的依赖关系，因此要求我们必须循序渐进，由易到难，由简单到复杂，一步一个脚印地按要求学好、掌握好。钳工基本操作是技术知识、技能技巧和力量的结合，不能偏废任何项，只有这样才能很好地完成基础训练。

任务二　认识钳工设备

理论学习工单二

训练任务：学习钳工设备相关理论知识

请结合本任务所学回答以下问题：

1. 钳工常用设备有哪些？

2. 简述台式钻床的安全操作规程。

3. 划线平台使用注意事项有哪些？

一、钳工工作台

钳工工作台（又称钳工台、钳桌、钳台）如图 1－1 所示，其主要作用是安装台虎钳和存放钳工常用工具、夹具和量具。常用硬质木板或钢材制成，要求坚实、平稳，台面高度为 800 ～ 900mm，台面上应安装防护网。

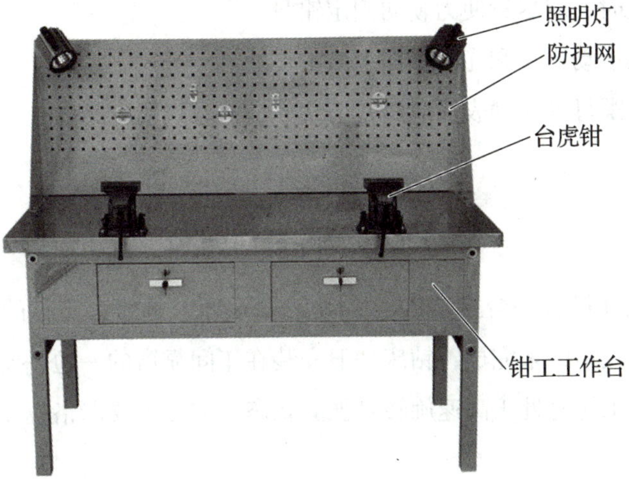

图 1－1 钳工工作台

二、台虎钳

台虎钳是用来夹持工件的通用夹具，其规格以钳口宽度表示，常用规格有 150mm、200mm 和 250mm 等。

1. 台虎钳的种类

台虎钳有固定式和回转式两种，如图 1－2 所示。两者的主要结构和工作原理基本相同，其不同点是回转式台虎钳比固定式台虎钳多了一个底座，钳身可在底座上回转，根据工作需要选定适当的位置。回转式台虎钳使用方便、应用范围广，可满足不同方位的加工需要。

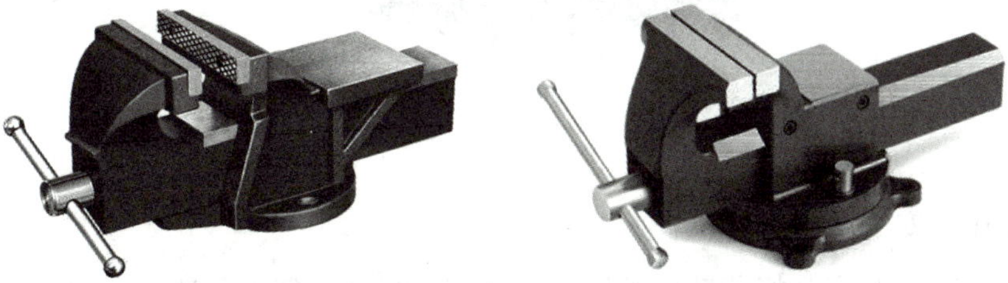

（a）固定式　（b）回转式

图 1－2 台虎钳

2. 使用台虎钳的注意事项

（1）工件尽量夹在钳口中部，以使钳口受力均匀。

（2）夹紧工件时要松紧适当，只能用手扳紧手柄，不得用手锤敲击手柄或借助其他工具加力，以免丝杠、螺母或钳身损坏。

（3）夹紧后的工件应稳定可靠，便于加工，并且不产生变形。

（4）强力作业时，应尽量使力朝向固定钳身。

（5）不允许在活动钳身和光滑平面上敲击作业。

（6）对丝杠、螺母等活动表面应经常清洗、润滑，以防生锈。

三、台式钻床

钳工常用的钻孔设备是台式钻床，如图 1－3 所示。通常，工件的钻孔、扩孔和锪孔操作均需要通过台式钻床来完成，钻床一般安装在车间靠窗的一边，要求光线良好。台式钻床的切削部分在工作时处于高速旋转且裸露状态，因此需要严格遵守安全操作规程，避免发生事故。

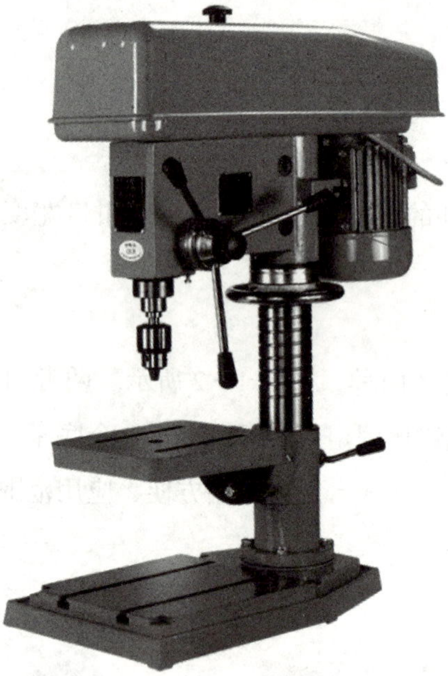

图 1－3　台式钻床

台式钻床的安全操作规程如下：

（1）钻孔前，要穿戴好劳动保护服、鞋、帽、眼镜，领口、袖口、衣服下摆要系紧，不允许戴手套，女工应把长发束紧并挽入工作帽内，避免衣物、头发在操作过程中被机器卷入而造成事故。

（2）钻孔前要清理工作台，如使用的刀具、量具和其他物品不应放在工作台上。

（3）钻孔前要夹紧工件，钻通孔时要垫垫块或使钻头对准工作台的沟槽，防止钻头损坏工作台。

（4）通孔快被钻穿时，要减小进给量，以防产生事故。因为工件快要钻通时，轴向阻力会突然消失，钻头走刀机构恢复弹性变形，进给量突然增大。

（5）应在停车后再松紧钻夹头，且要用钻夹头钥匙进行松紧而不能敲击。当钻头要从钻头套中退出时要用斜铁敲出，并用手接住，防止损坏钻头。

（6）应停车后再调整钻床变速。

（7）清除切屑时应用刷子而不可用嘴吹，以防切屑飞入眼中。

四、砂轮机

砂轮机通常用来修磨钻头、錾子、样冲、锯条等钳工工具，如图 1－4 所示。砂轮机属高速旋转设备，一般放置在车间角落或单独的房间内，砂轮暴露的方向要避开车间内有人员的地方，操作时需严格遵守安全操作规程。

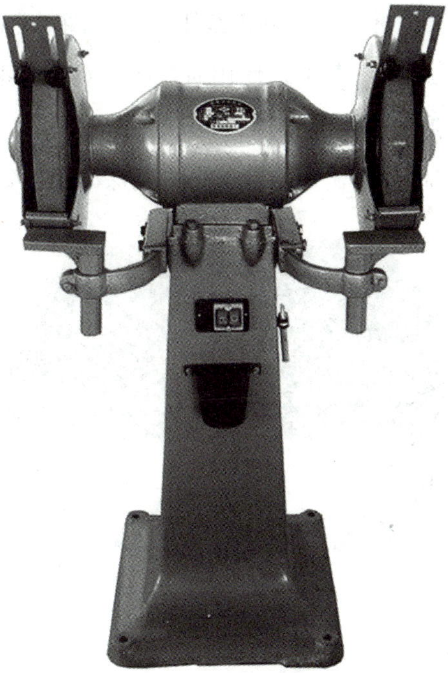

图 1－4　砂轮机

砂轮机的安全操作规程如下：

（1）新安装的砂轮必须先试转 30 ～ 40min，然后检查砂轮及轴承转动是否平稳，有无振动与其他不良现象。

（2）应定期检查砂轮有无裂纹，螺纹两端是否锁紧。

（3）砂轮必须安装防护罩，且不允许随便取下。

（4）砂轮与搁架之间的距离不应过大，隙缝一般应小于 3mm，防止刃磨时磨件被带入缝隙，挤碎砂轮。

（5）砂轮机启动后，需待砂轮旋转速度稳定后方可磨削，操作者应站在侧面，不能站在砂轮片的旋转平面上，以免砂轮碎裂飞出伤人。

（6）勿用砂轮的两侧磨削工件，禁止两人同时使用一块砂轮进行磨削。

（7）不得在砂轮机上磨又重又大的工件，磨削时不得用过大的力量压紧砂轮。

（8）使用砂轮机时必须戴防护眼镜。

（9）砂轮机连续工作时间最好不要超过 10min，以免烧坏电动机。

（10）使用完毕应随手关闭砂轮机电源。

五、划线平台

钳工对工件进行划线操作时，会用到划线平台，如图 1－5 所示。划线平台属于精密划线设备，划线平台平面是划线的基准，使用时要防止对平台平面造成破坏。划线平台的规格根据台面长宽尺寸来确定，常用的有 800mm × 600mm、600mm × 400mm。划线平台重量较大，一般放置在钢制台架上，并调节水平，确保牢固放置。

图 1－5　划线平台

划线平台使用注意事项如下：

（1）在平台上放置工件时动作要轻，避免撞击平台表面。平台表面若受到工件或其他物体撞击，应立刻对受到撞击而凸起的部分进行修复。

（2）决不可以在划线平台表面做任何需要锤击的工作。

（3）应尽量均匀使用划线平台的各处，避免局部磨凹。

（4）保持平台表面的清洁，以免被铁屑、砂子等杂质磨坏。

（5）为了防止划线平台发生有害变形，安装平台时要将支承部件支在主支点处。支承时，尽量将平台的工作面调整到水平面内。

（6）为了防止平台发生永久变形，检验完毕或划线完毕后，要将工件抬下来，不得长时间放在平台上。

（7）平台用完后要及时擦拭干净。较长时间不用应涂上防锈油，防止锈蚀。

（8）平台要进行定期检定，检定周期可根据使用情况确定，一般为 1 年。

（9）对于铸铁划线平台，注意不要在潮湿、有腐蚀气体、温度过高或过低的环境下使用和存放。

单元二　钳工实践

任务一　划线

理论学习工单一
请结合本任务所学回答以下问题： 1. 简述钳工划线的概念。 2. 简述钳工划线的种类。 3. 常用的划线工具有哪些？ 4. 简述划线的步骤。

一、划线的概念

用划线工具在毛坯或工件上划出待加工部位的轮廓线或作为基准的点、线称为划线。划线的精度一般为 0.25 ～ 0.5mm。

1. 划线的作用

一是确定零件加工面的位置与加工余量，为下道工序划定加工的尺寸界线。

二是检查毛坯的质量，补救或处理不合格的毛坯，避免不合格毛坯流入加工环节造成损失。

2. 划线的要求

划线是一项复杂、细致的工作，如果将线划错，就会导致工件报废，所以说划线的质量直接关系到产品的质量。

对划线的要求：尺寸准确、位置正确、线条清晰、冲眼均匀。

3. 划线的种类

划线分为平面划线和立体划线两种。

（1）平面划线。

平面划线是指在工件的一个表面（即工件的二坐标体系内）上划线就能表示加工界线的划线方法，如图 1－6 所示。例如，在板料上划线，在盘状工件端面上划线等。平面划线分为几何划线法和样板划线法两种。几何划线法是根据零件图的要求，直接在毛坯或零件上利用平面几何作图的基本方法划出加工界线，基本线条有平行线、垂直线、圆弧与直线或圆弧的连接线、圆周等分线和角度等分线。其划线方法和平面几何作图的方法一样，划线过程不再赘述。样板划线法是将根据零件尺寸和形状要求划好线并加工成型的样板，放置在毛坯合格的位置上划出加工界线。该方法适用于平面形状复杂、批量大、精度要求一般的场合。其优点是容易对正基准，加工余量留得均匀，生产效率高。在板料上用样板划线可以合理排料，提高材料利用率。

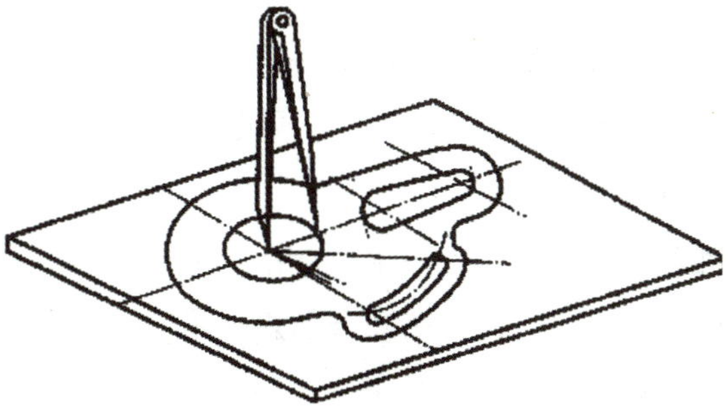

图 1－6　平面划线

（2）立体划线。

立体划线是指在工件的几个不同表面（即工件的三坐标体系内）上划线才能明确表示加工界线的划线方法，如图 1－7 所示。例如，在支架、箱体和曲轴等工件上划线。立体划线时一般采用零件直接翻转法，划线过程涉及零件或毛坯的放置和找正、基准选择和借料等方面。

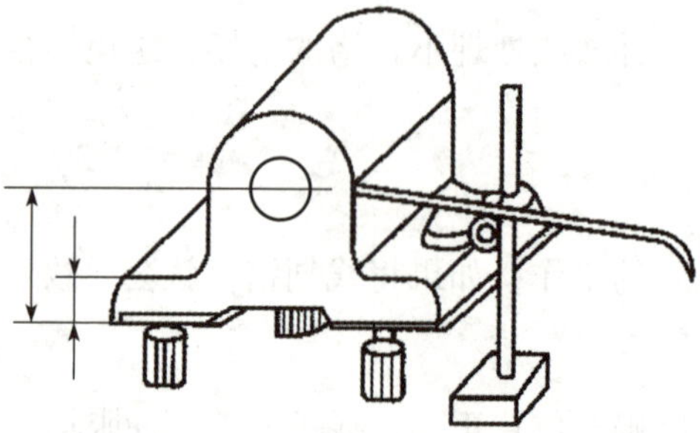

图 1－7　立体划线

立体划线时，合理选择零件或毛坯的放置位置十分重要，关系到划线的质量和效率。通常，较复杂的零件要经过 3 次或 3 次以上的放置，才能将全部线条划出，要特别重视第一划线位置的选择。

放置位置的选择原则如下：

1）第一划线位置的选择。优先选择如下表面：零件上主要的孔、凸台的中心线或重要的加工面；相互关系最复杂及所划线条最多的一组尺寸线所在的面；零件中面积最大的面。

2）第二划线位置的选择。能够体现主要的孔、凸台的另一中心线的表面。

3）第三划线位置的选择。通常选择与第一和第二划线位置垂直的表面，该面一般是次要的、面积较小的、线条相互关系较简单且线条较少的表面。

零件或毛坯的找正是指利用划线工具将零件或毛坯上有关表面与基准面（如划线平台）调整到合适位置。

零件的借料是指通过试划和调整，将各部位的加工余量在允许的范围内重新分配，使各加工表面都有足够的加工余量，从而消除铸件或锻件毛坯尺寸、形状和位置上的某些误差和缺陷。借料的一般步骤如下：

1）测量毛坯或零件各部分尺寸，找出偏移部位和偏移量。

2）合理分配各部位加工余量，确定借料方向和大小，划出基准线。

3）以基准线为依据，按图划出其余各线。

4）检查各加工表面的加工余量，若发现余量不足，则应调整各部位加工余量，重新划线。

二、划线工具

正确使用划线工具是做好划线工作的前提。

1. 支撑工具

常用的支撑工具有方箱、V 形铁、千斤顶等。

方箱由铸铁制成，如图 1-8（a）所示。较小或较薄的工件可被夹持在方箱孔中，翻转方箱就可以一次划出全部互相垂直的线。为便于夹持不同形状的工件，可采用附有夹持装置并带 V 形槽的特殊方箱。

V 形铁主要用来支承工件的圆柱面，使圆柱的轴线平行于平台工作面。如图 1-8（b）所示，V 形铁常用铸铁或碳钢制成，其外形为长方体，工作面为 V 形槽，两侧面互成 90°或 120° 夹角。支承较长工件时，应使用成对的 V 形铁。成对的 V 形铁必须成对加工，且不可单独使用，以免两者产生高度差。

千斤顶是用来支承毛坯或不规则工件以便进行划线的工具，可较方便地调整工件各处的高度，如图 1-8（c）所示。常用的螺旋千斤顶由螺杆、螺母、底座、锁紧螺母等组成，旋转螺母就能调节千斤顶螺杆的高度，锁紧螺母就能固定螺杆的位置。千斤顶的顶端一般做成带球顶的锥形，可使支承既可靠又灵活。若要支承柱形工件或较重工件，可将顶部制成 V 形铁。

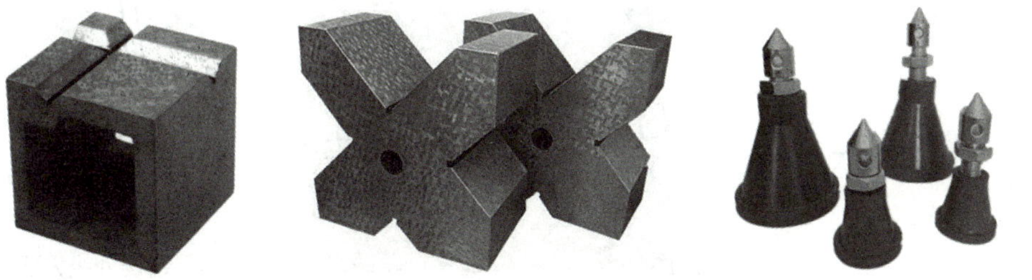

（a）方箱　（b）V形铁　（c）千斤顶

图 1-8　支撑工具

2. 直接划线工具

直接划线工具有划针、划规、划针盘和样冲等。

（1）划针。

划针是用来直接在工件上划线的工具，如图 1-9 所示。通常在已加工面内划线时使用，由 3 ～ 5mm 的弹簧钢丝或高速钢制成，其尖端磨成 15° ～ 20°，如图 1-10（a）、图 1-10（b）所示，并淬硬，以提高耐磨性，同时可保证划出的线条宽度为 0.05 ～ 0.1mm。在铸件、锻件等加工表面划线时，可用尖端焊有硬质合金的划针，以便长期保持划针的锋利程度，划线宽度约为 0.1mm。

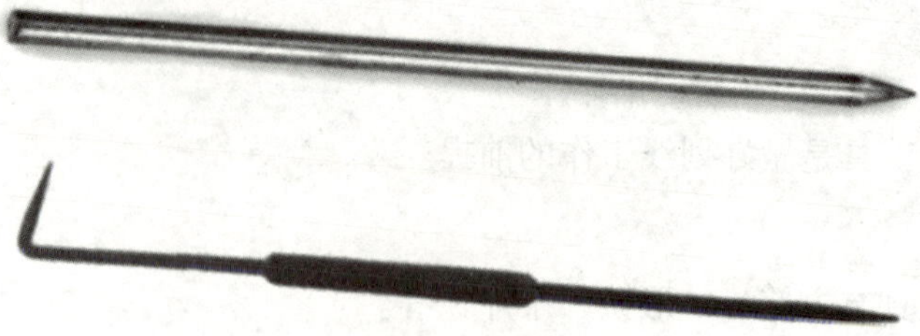

图 1－9　划针

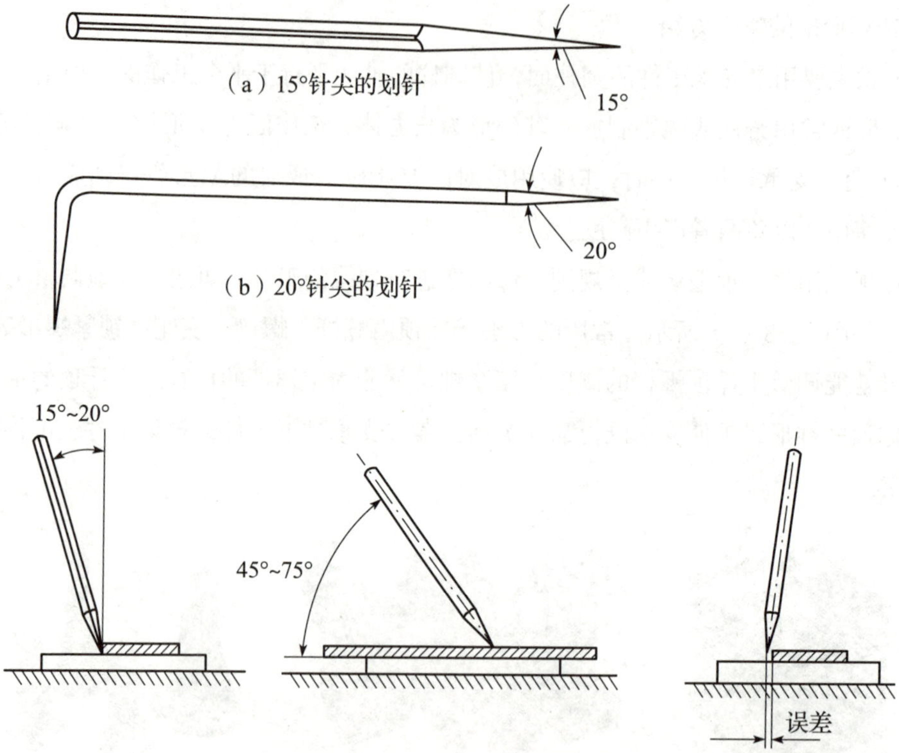

（a）15°针尖的划针

（b）20°针尖的划针

（c）正确划线方法

（d）错误划线方法

图 1－10　划针角度及划线方法

划针通常与直尺、90° 角尺、划线样板等导向工具配合使用，使用方法和注意事项如下：

用划针划线时，一只手压紧导向工具，防止其滑动；另一只手握住划针，使其尖部靠紧导向工具的边缘且向外倾斜 15° ～ 20°，同时向划针前进方向倾斜 45° ～ 75°，如图 1－10（c）所示。这样既能保证针尖紧贴导向工具的基准边，又方便操作者观察。如图 1－10（d）所示为错误划线方法，划针尖部没有靠紧导向工具的边缘，产生了误差。划线时水平线应自左向右划，竖直线自上向下划，倾斜线的走向趋势是自左下方向右上方划，或自左上方向右下方划。

划线时用力要均匀。一根线条应一次划成，既要保持线条清晰，又要控制线条宽度。

（2）划规。

划规是用于划圆或弧线、等分线段及量取尺寸的工具，其用法与制图圆规相似。

常用的划规有普通划规、扇形划规、弹簧划规等，如图 1－11 所示。其中，普通划规结构简单，制造方便，应用较广，但要求两脚铆接处松紧适度。过松，在测量和划线时两脚易活动，导致尺寸不稳定；过紧，不便调整角度。扇形划规由于有锁紧装置，因此两脚间的尺寸较稳定，结构也较简单，常用于在粗毛坯表面划线。弹簧划规易于调整尺寸，但用于划线的一脚易滑动，因此只限于在半成品表面上划线。

（a）普通划规　　（b）扇形划规　　（c）弹簧划规

图 1－11　划规

使用划规前，应将其脚尖外侧磨锋利。除长划规外，其他划规在使用前，须确保两划脚长短一致，两脚尖能合紧，以便划出小尺寸圆弧。划圆弧时，应将手的重心放在作为圆心的一脚，防止中心滑移。

（3）划针盘。

划针盘主要用于立体划线和校正工件的位置，如图 1－12 所示，主要由底座、立杆、锁紧装置和划针组成。

一般情况下，划针的直头用于划线，弯头用于找正工件位置。通过夹紧螺母，可调整划针的高度。使用时，应使划针基本处于水平位置，划针伸出端尽量短，以增大其刚性，防止其抖动。此外，划针的夹紧要可靠。用手拖动盘底划线时，应使盘底始终贴紧平台移动，如图 1－13（a）所示为正确方法，图 1－13（b）所示为错误方法。划针移动时，其移动方向与划线表面之间应保持 75° 左右，以确保划针移动顺畅。

图 1－12　划针盘

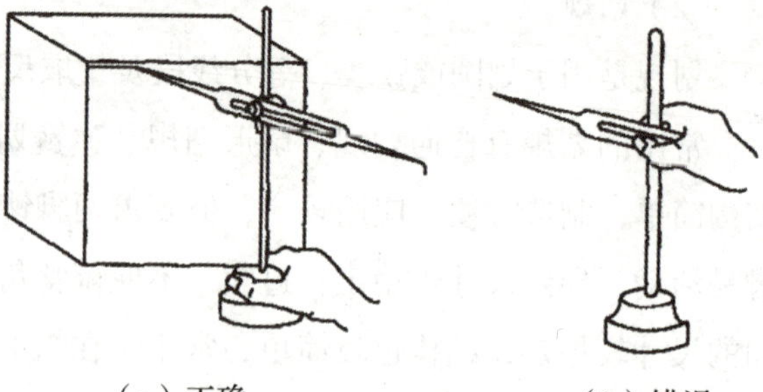

（a）正确　（b）错误

图 1－13　划线盘及其使用方法

（4）样冲。

样冲用于在工件划线点上打出样冲眼，以备所划线模糊后仍能找到原划线的位置，样冲如图 1－14 所示。在划圆和钻孔前，应在其中心打样冲眼，以便定心。使用时，应首先保持样冲顶尖与线条中心点同心，将样冲外倾，使尖端对准线的正中，然后将样冲扶正，一次冲点成型，如图 1－15 所示。

图 1－14　样冲

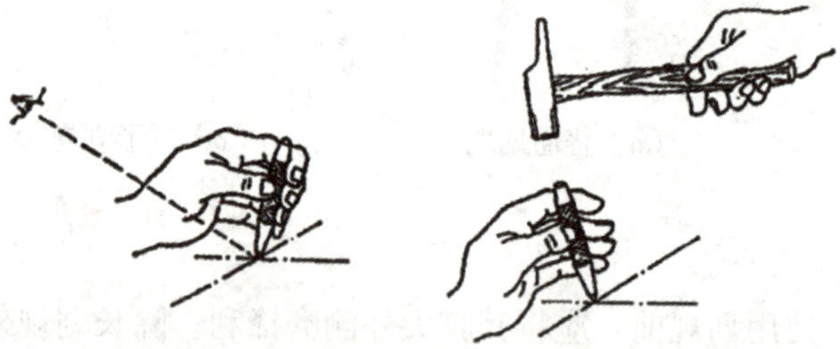

（a）样冲与眼睛的位置　（b）冲眼操作

图 1－15　样冲的使用方法

在搬运、装夹等过程中，工件上划的线条可能会被摩擦掉，为保持划线标记，通常要用样冲在已划好的线上打上小而均布的冲眼。样冲的尖端一般磨成 45° ～ 60°，划线用样冲的尖端可磨锐些，一般为 45° 左右，而钻孔用样冲可磨得钝一些，一般为 60° 左右。

三、量具

划线时用的量具有钢直尺、直角尺、高度尺（普通高度尺和高度游标尺）等。

高度游标尺是精确的量具及划线工具，其结构如图 1－16 所示，可用于测量高度，又可用其量爪的两尖角划线。其读数原理同游标卡尺一样，读数精度一般为 0.02mm。高度游标尺只能用于半成品划线，不允许用于毛坯。划线时，底座应紧贴划线平台移动，划线尖角应与工件被划线表面成 45° ~ 60°，并在工件表面轻轻划过，不可用力过大，以免损坏尖角，影响划线精度。

钢直尺是一种简单的测量工具和划直线的导向工具，如图 1 - 17 所示。钢直尺尺面上刻有尺寸刻线，最小刻线间距为 0.5mm，其规格（即长度）有 150mm、300mm、500mm、1000mm 等。钢直尺的使用方法如图 1 - 18 所示。

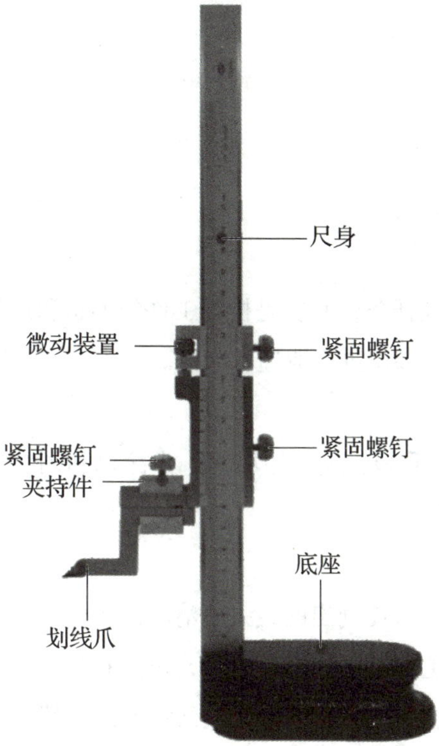

图 1 - 16　高度游标尺

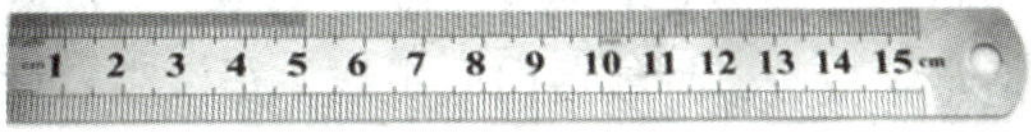

图 1 - 17　钢直尺

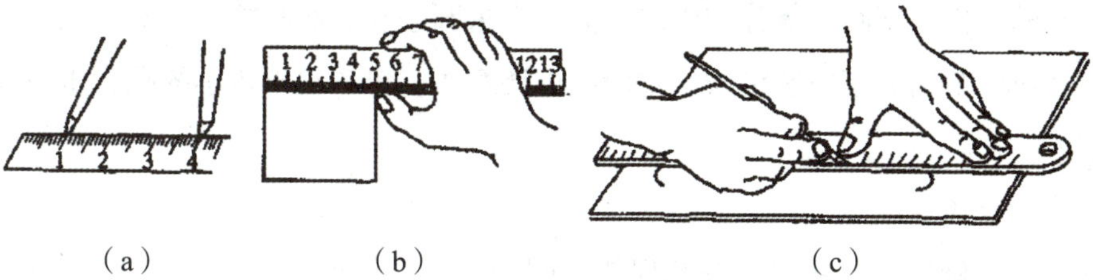

图 1 - 18　钢直尺的使用方法

直角尺在钳工中应用很广，如图 1 - 19 所示，它可作为划垂直线及平行线的导向工具，可找正工件在划线平板上的垂直位置，还可检查两垂直面的垂直度或单个平面的平面度。

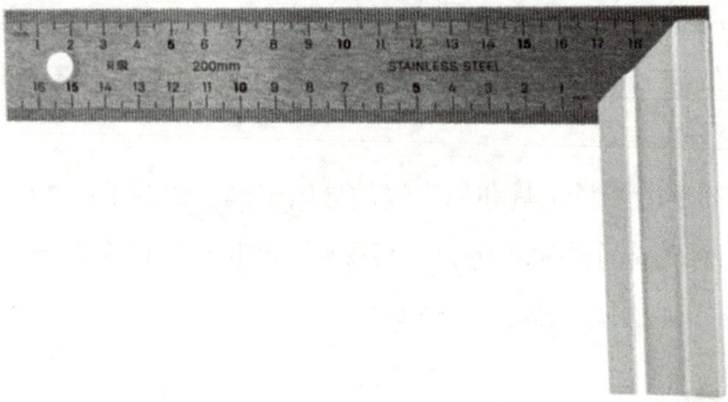

图 1－19　直角尺

四、划线步骤

1. 划线前的准备工作

划线前，首先要看懂图样和工艺文件，明确划线任务，其次是检查工件的形状和尺寸是否符合图样要求，然后选择划线工具，最后对划线部位进行清理和涂色。

（1）工件清理。

工件清理就是除去工件表面的氧化层、毛边、毛刺、残留污垢等，为涂色和划线做准备。

（2）工件涂色。

工件涂色是指在工件需划线的表面涂上一层涂料，使划出的线条更清晰的工序。常用的涂料有石灰水、蓝油等。石灰水用于铸件和锻件毛坯，为增加吸附力，可在石灰水中加入适量牛皮胶，划线后白底黑线，很清晰。蓝油常涂于已加工表面，划线后蓝底白线，效果较好。涂色时，涂层要薄而均匀，太厚的涂层反而容易脱落。

（3）在工件的孔中装中心塞块。

在有孔的工件上划圆或等分圆周时，为了在求圆心和划线时能固定圆规的一脚，须在孔中塞入塞块。常用的塞块有铅条、木块或可调塞块。铅条用于较小的孔，木块和可调塞块用于较大的孔。

2. 划线基准的确定

基准是用来确定生产对象上各几何要素间的尺寸和位置关系时所依据的一些点、线、面。设计图样采用的基准为设计基准，工件划线时采用的基准为划线基准。基准的确定要综合考虑工件的整个加工过程及各工序间所使用的检测手段。划线作为加工的第一道工序，在选用划线基准时，应尽可能使划线基准与设计基准保持一致，这样可避免相应的尺寸换算，减小加工过程中的基准不重合误差。

平面划线时，通常要选择两个相互垂直的划线基准；立体划线时，通常要确定三个相互垂直的划线基准。划线基准一般有以下 3 种类型，示例如图 1－20 所示。

（1）以两个互相垂直的平面或直线为基准。

零件有相互垂直的两个方向的尺寸，每个方向的尺寸大多是依据它们的边线确定的（个别尺寸除外）。此时，就可将这两条边线分别确定为这两个方向的划线基准。如图 1－20（a）所示。

（2）以两个互相垂直的中心平面或直线为基准。

零件两个方向的许多尺寸分别基于中心线对称，其他尺寸也从中心线起始标注。此时，就可将这两条中心线分别确定为这两个方向的划线基准。如图 1－20（b）所示。

（3）以一个平面或直线和一个对称平面或直线为基准。

零件高度方向的尺寸是以底面为依据确定的，底面就可作为高度方向的划线基准；零件宽度方向的尺寸基于中心线对称，故中心线就可作为宽度方向的划线基准。如图 1－20（c）所示。

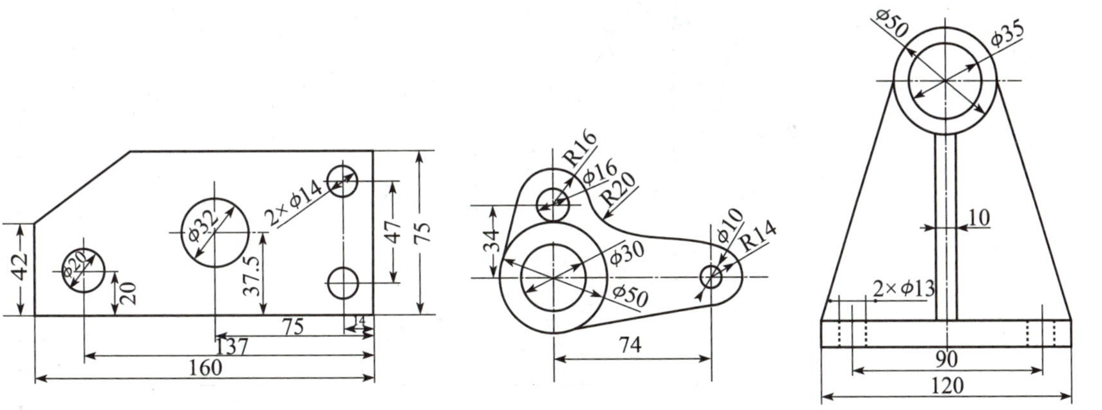

（a）以两个互相垂直的平面或直线为基准

（b）以两个互相垂直的中心平面或直线为基准

（c）以一个平面或直线和一个对称平面或直线为基准

图 1－20　划线基准的类型

3. 划线步骤

（1）看清图样。仔细看图样尺寸，了解需要划线的部位，明确这些部位的作用、要求，以及相关加工工艺。

（2）初步检查毛坯的误差情况。

（3）正确安放工件和选用划线工具。

（4）划线时遵守从基准开始的原则，确保设计基准和划线基准重合。

（5）详细检查划线的准确性，确保没有遗漏线条。

（6）在线条上打样冲眼。

五、划线实践操作

实训工单一

完成图 1－21 所示工件的平面划线。

研究图样，确定划线基准。本图设计基准：底面和右侧面划线基准按设计基准选择。

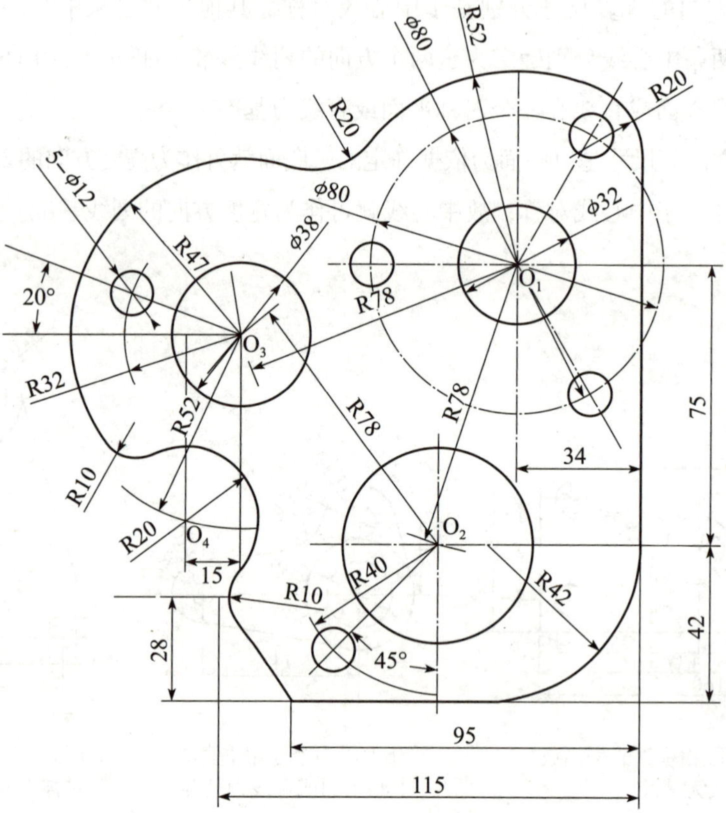

图 1－21　划线实践操作图

划线步骤如下：

（1）沿板料边缘划两条基准线。

（2）划尺寸 42mm 水平线。

（3）划尺寸 75mm 水平线。

（4）划尺寸 34mm 垂直线。

（5）以 O_1 为圆心，R78mm 为半径作弧，并截 42mm 水平线得 O_2 点，通过 O_2 点作垂直线。

（6）分别以 O_1、O_2 点为圆心、R78mm 为半径作弧相交得 O_3 点，通过 O_3 点作水平线和垂直线。

（7）通过 O_2 点作 45° 线，并以 R40mm 为半径截得小圆圆心。

（8）通过 O_3 点作 20° 线，并以 R32mm 为半径截得另一小圆圆心。

（9）划垂直线与 O_3 垂直距离为 15mm，并以 O_3 为圆心，R52mm 为半径作弧截得 O_4 点。

（10）划尺寸 28mm 水平线。

（11）按尺寸 95mm 和 115mm 划出左下方斜线。

（12）划出 ϕ32mm、ϕ80mm、ϕ52mm、ϕ38mm 圆周线。

（13）把 ϕ80mm 圆周按图作三等分。

（14）划出 5 个 ϕ12mm 圆周线。

（15）以 O_1 为圆心、R52mm 为半径划圆弧，并以 R20mm 为半径作相切圆弧。

（16）以 O_3 为圆心、R47mm 为半径划圆弧，并以 R20mm 为半径作相切圆弧。

（17）以 O_4 为圆心、R20mm 为半径划圆弧，并以 R10mm 为半径作两处相切圆弧。

（18）以 R42mm 为半径作右下方的相切圆弧。

对平面划线基准选择、划线工具使用方法、划线步骤、划线注意事项进行总结：

实训工单二

完成图 1－22 所示的轴承座零件的立体划线。

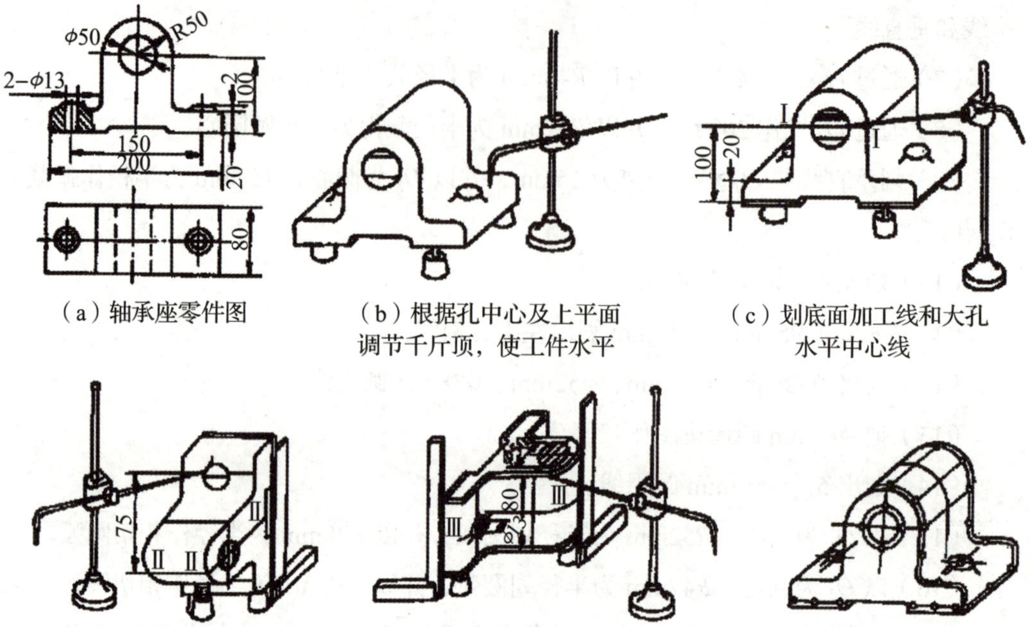

（a）轴承座零件图

（b）根据孔中心及上平面调节千斤顶，使工件水平

（c）划底面加工线和大孔水平中心线

（d）转90°，用直角尺找正划大孔的垂直中心线及螺钉孔中心线

（e）再翻90°，用直角尺找正划螺钉孔另一方向的中心线及大端面加工线

（f）打样冲眼

图 1－22　轴承座零件

对立体划线基准选择、划线工具使用方法、划线步骤、划线注意事项进行总结：

理论学习工单二

请结合本任务所学回答以下问题：

1. 简述锯削的概念。

2. 简述锯条的选择方法。

3. 简述锯削的步骤。

锯削主要是指对材料或工件进行分割或锯槽等加工。手锯主要用于把材料锯断、锯掉工件上的多余部分或在工件上锯槽。锯削大型材料或工件时，可采用机械锯削的方式。锯削的应用如图 1－23 所示。

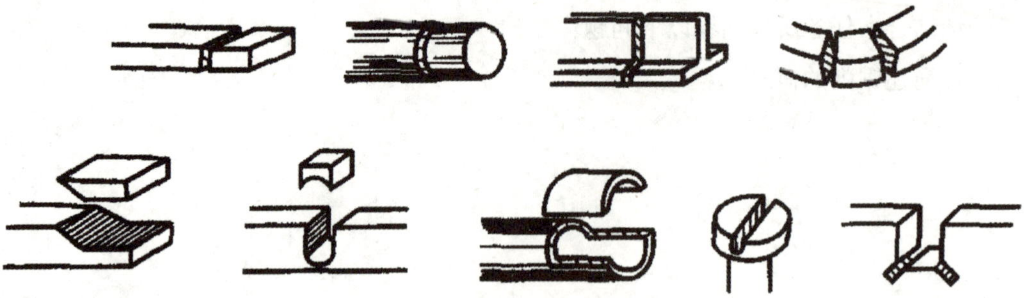

图 1－23　锯削的应用

一、锯削工具

1. 锯弓

锯弓的作用是装夹并张紧锯条，且便于双手操作，分为固定式和可调式两种，其结构如图 1－24 所示。

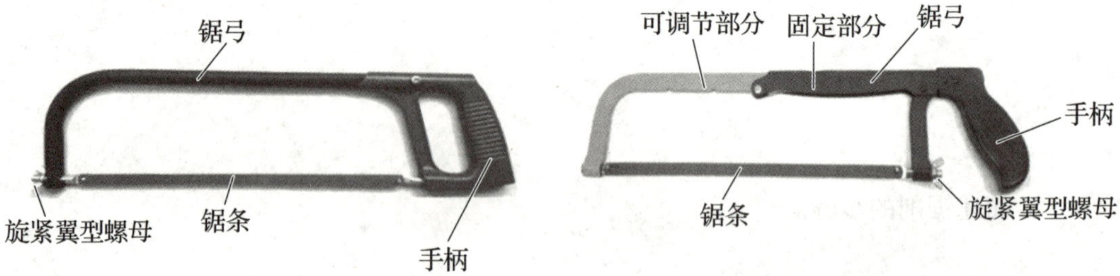

（a）固定式　（b）可调式

图 1－24　锯弓

固定式锯弓的弓架是整体式的，只能装一种长度规格的锯条。可调式锯弓的锯架则分为前后两段，前段套在后段内，可以调节长度，故能安装多种长度规格的锯条，使用起来方便、灵活，应用广泛。

2. 锯条

锯条是用来直接锯削材料或工件的工具，如图 1－25 所示。一般用碳素工具钢（如 T10 或 T12）或合金工具钢制成，经淬火处理后硬度较高，锯齿锋利。但性脆易断，属非自制刀具。锯条的长度规格以锯条两端安装孔之间的中心距离表示，一般长为 150 ～ 400mm（钳工常用的锯条长为 300mm），锯条宽为 12mm，厚为 0.8mm。

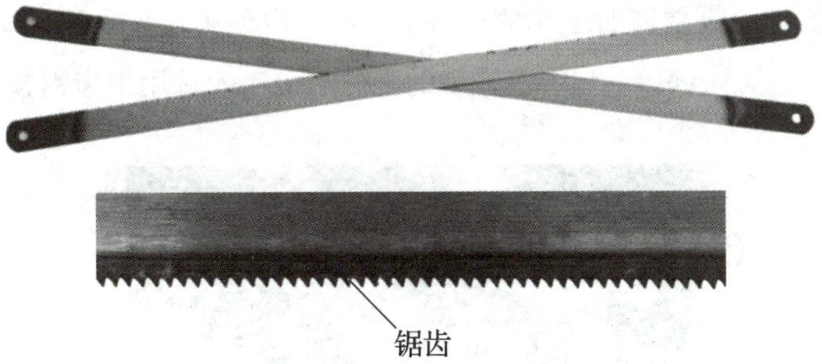

图 1－25　锯条

锯条的切削部分由许多锯齿组成，一个齿相当于一把錾子，起切割作用，制造时按一定规律将齿左右错开，排列成一定的形状，称为锯路。锯路有交叉形和波浪形两种，如图 1－26 所示。锯路的作用是使锯缝的宽度大于锯条背部的厚度，这样在锯削时锯条才不会被锯缝夹阻，锯割省力，而且利于排屑、散热，还可以减小锯条的磨损。通常，粗齿锯条的锯路制成交叉形，中齿或细齿锯条的锯路制成波浪形。

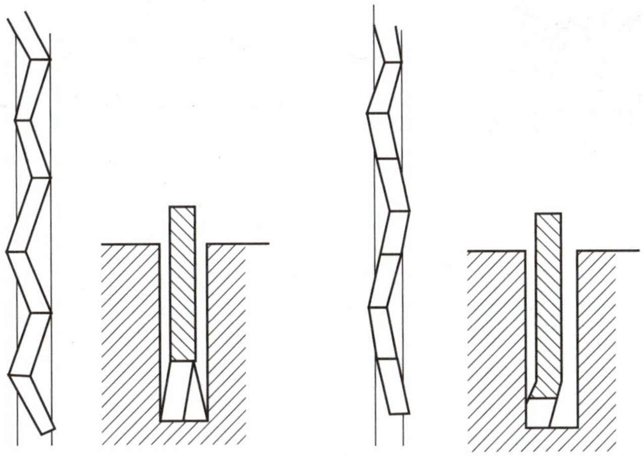

（a）交叉形　　（b）波浪形

图 1－26　锯条的锯路

锯齿的粗细是按锯条上齿距 t 的大小来划分的：粗齿（大齿）的齿距 t=1.6mm，中齿的齿距 t=1.2mm，细齿的齿距 t=0.8mm，如图 1－27（a）所示。常用锯条的前角 γ 为 90°、后角 α 为 40° ～ 50°、楔角 β 为 45° ～ 50°，如图 1－27（b）所示。

锯条的粗细应根据加工材料的硬度和厚度来选择。

锯割较软的材料（如铜、铝合金等）或厚材料时，应选用粗齿锯条，因为锯屑较多，要求较大的容屑空间。锯割较硬的材料（如合金钢等）或薄板、薄管时，应选用细齿锯条，因为材料硬，锯齿不易切入，锯屑量少，不需要太大的容屑空间；锯薄材料时，锯齿易被工件勾住而崩断，需要同时工作的齿数多一些，以使锯齿承受的力减小。锯割中等硬度的材料（如普通钢、铸铁等）和中等厚度的工件时，一般选用中齿锯条。

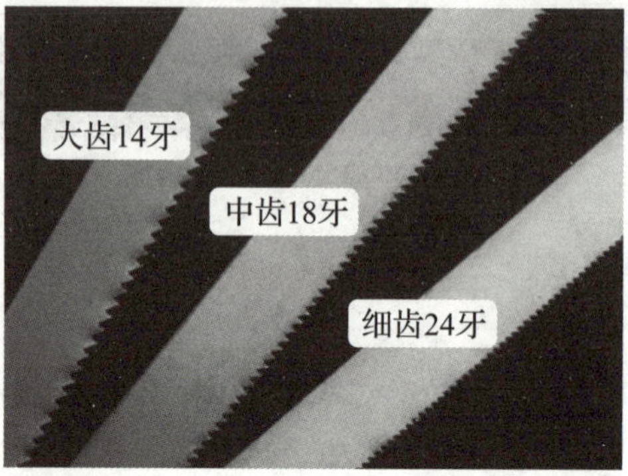

（a）齿距

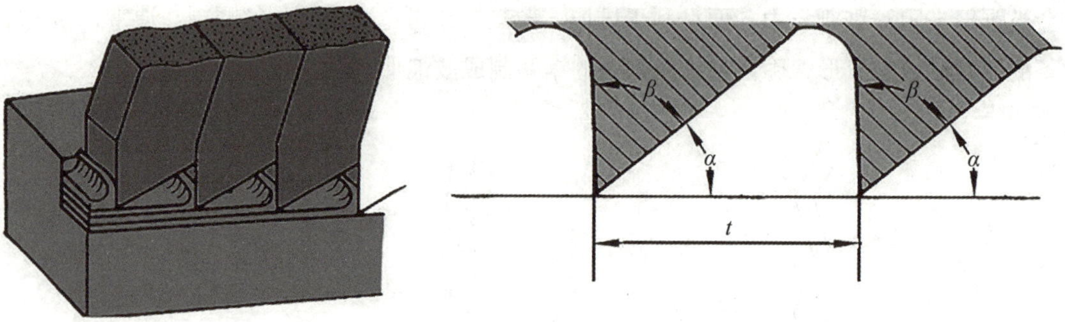

（b）切削角度

图 1－27　锯条的齿距及切削角度

二、锯削方法

1. 锯条的安装

由于手锯是在向前推进时进行锯削，向后返回时不起锯削作用，因此在锯弓上安装锯条时具有方向性，要使齿尖朝前，此时前角为零，如图 1－28（a）所示。如果装反了，则前角为负值，不能正常锯削，如图 1－28（b）所示。

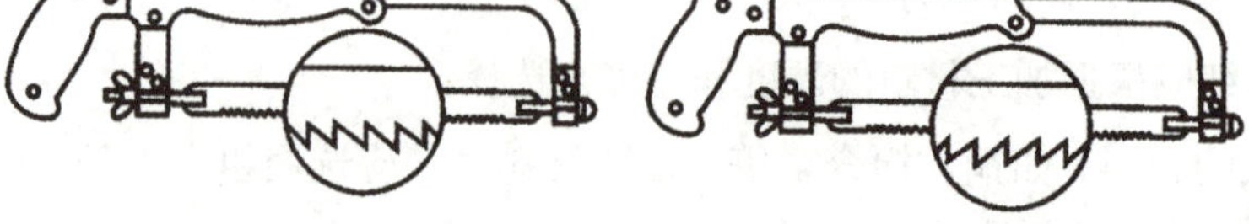

（a）正确　　（b）不正确

图 1－28　锯条的安装

通过锯弓上的旋紧翼型螺母可以调节锯条的松紧程度，如果锯条装得太紧，会因受张力太大而失去应有的弹性，以至在工作时稍有卡阻就易折断；如果锯条装得太松，在工作时易扭曲摆动，同样容易折断，且锯缝易发生歪斜。调节好的锯条应与锯弓在同一中心平面内，以保证锯缝正直，防止锯条折断。

2. 工件的夹持

工件一般被夹持在台虎钳的左侧，工件的伸出端应尽量短，工件的锯削线应尽量靠近钳口，一般超出钳口左侧约 20mm 为宜，以防止工件在锯削过程中发生振动，方便操作。锯割线应与钳口垂直，以防锯斜。工件要牢固地夹持在台虎钳上，防止锯削时因工件移动而导致锯条折断。对于薄壁、管子及已加工表面，要防止夹持太紧而导致工件或表面变形。

3. 起锯

起锯是锯削的开始，直接影响锯割质量和锯条的使用寿命。起锯常采用远起锯和近起锯两种方法，如图 1－29（a）、图 1－29（b）所示。远起锯是指从工件的远点起锯，其角度以俯倾 15° 为宜，实际工作中一般采用这种起锯方法。如图 1－29（c）所示的起锯角则过大。近起锯是指从工件的近点起锯，其角度以仰倾 15° 为宜，这种起锯方法在实际工作中采用较少。起锯时的压力要小，速度要慢，为了防止锯条在工件表面上打滑，可用拇指指甲松靠锯条以引导锯条切入，如图 1－29（d）所示。

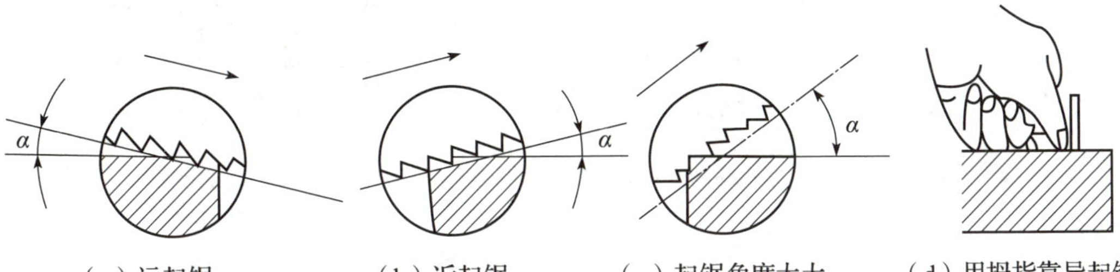

图 1－29 起锯方法

4. 锯削姿势及锯削运动

正确的锯削姿势能减轻疲劳，提高工作效率。握锯时，要自然舒展，右手握手柄，左手轻扶锯弓前端，如图 1－30 所示。锯削时两脚站立的位置如图 1－31 所示。

锯削时右腿伸直，左腿弯曲，身体向前倾斜，重心落在左脚上，两脚站稳不动，靠左膝的屈伸使身体往复摆动。起锯时，身体稍向前倾，与竖直方向约成 10° 角，此时右肘尽量向后收，如图 1－32（a）所示，随着推锯的行程增大，身体逐渐前倾，如图 1－32（b）所示。行程达 2/3 时，身体倾斜 18° 左右，左右臂均向前伸出，如图 1－32（c）所示。锯削最后 1/3 行程时，用手腕推进锯弓，身体随着锯的反作用力退回到 15° 角位置，如图 1－32（d）所示。锯削行程结束后，取消压力，将手和身体回到最初位置。

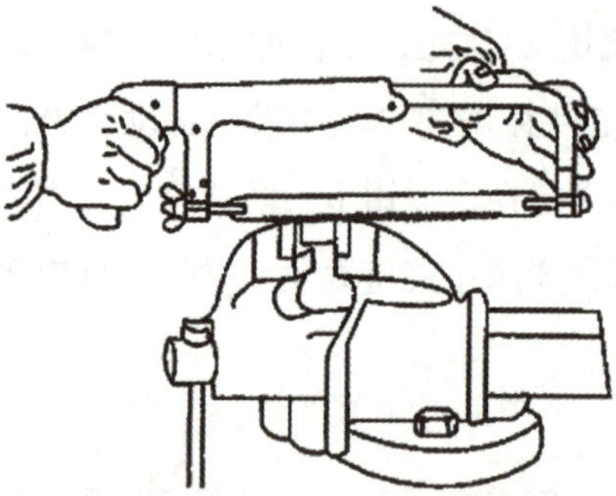

图 1－30 手锯的握法

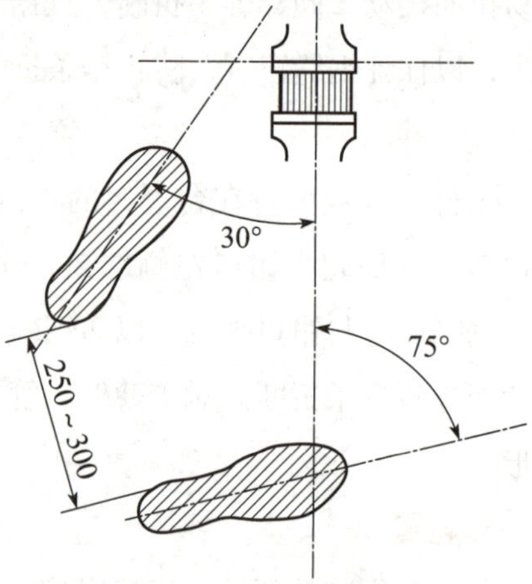

图 1－31 锯削站立位置

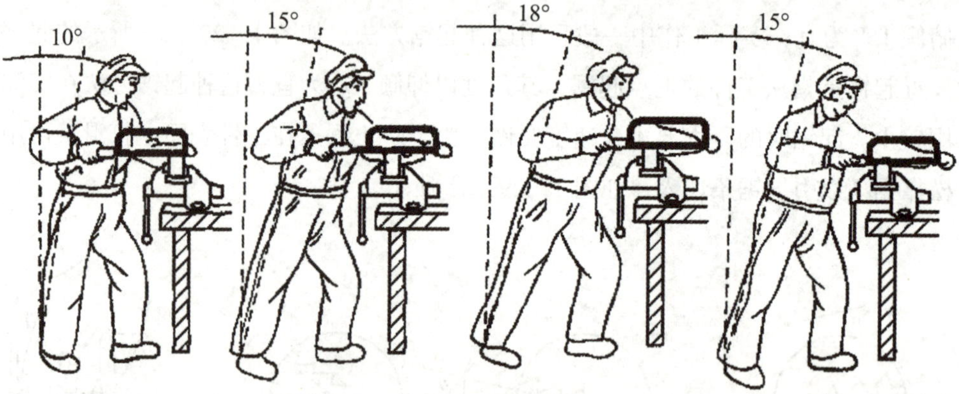

图 1－32 锯削操作姿势

锯削速度以每分钟 20 ～ 40 次为宜。速度过快，易使锯条发热，磨损加重；速度过慢，又直接影响锯削效率。

5. 收锯

工件快被锯断或将要锯到所需尺寸时，用力要减小，速度应放慢。对于需要锯断的工件，要用左手托住要被锯断的部分，以防锯条折断或工件跌落造成事故。

三、锯割方法

1. 棒料的锯割方法

锯割棒料时，如果断面要求比较平整，则应从开始持续锯到断；如果断面要求不高，则可改变几次方向锯断或锯到靠近中心部位后锤断。棒料的锯割如图 1－33（a）所示。

2. 板料的锯割方法

板料应尽量从宽面上锯割。如果必须从窄面上锯割，可用木块夹持在一起锯割，如图 1－33（b）所示。这样可避免锯条被钩住或板料振动，锯割薄板时尤其应该如此。

3. 管子的锯割方法

管子是薄壁类零件，易变形，因此在装夹时应用 V 形槽木垫夹紧在台虎钳上，如图 1－33（c）所示。锯割管子时，应先从管子的一个方向开始锯到管子的内壁处，然后将管子沿推锯方向转过一个角度后再从原锯缝开始锯割，直至内壁，这样不断改变方向、逐渐转动锯割直到锯断为止。切不可在一个方向从开始连续锯到结束，这样锯齿会因被钩住而崩裂。管子的锯割如图 1－33（d）所示。

4. 深缝的锯割方法

当工件太厚，锯缝深度达到或超过锯弓高度时，为了防止锯弓与工件相碰，应将锯条转过 90° 重新安装后再锯；或者将锯条转过 180°，重新安装后再锯，如图 1－33（e）所示。

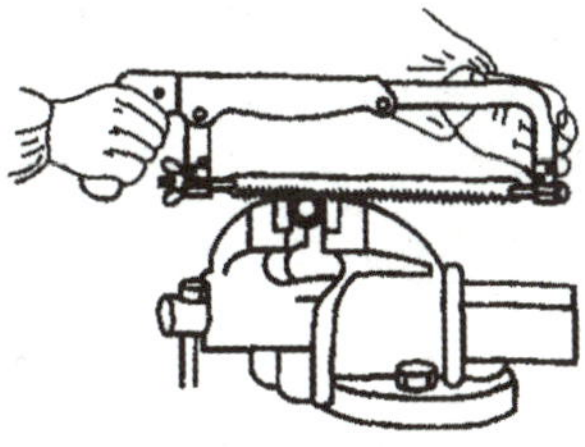

（a）棒料的锯割

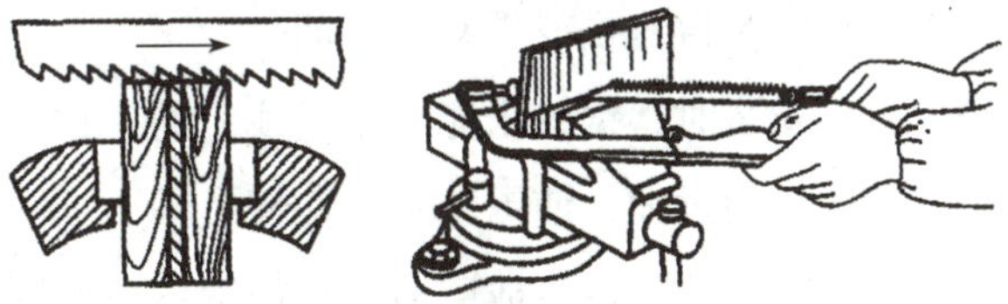

（b）板料的锯割

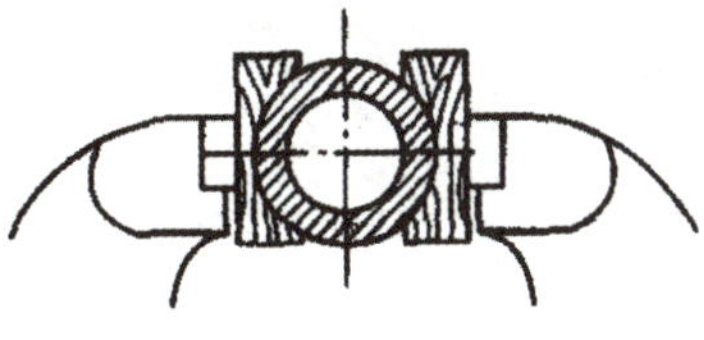

（c）管子的装夹

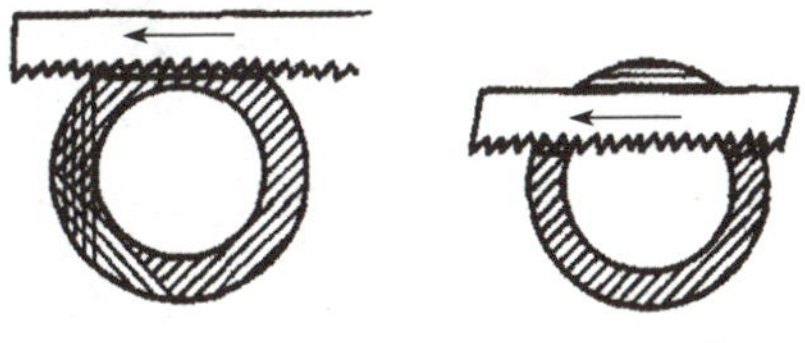

（d）管子的锯割

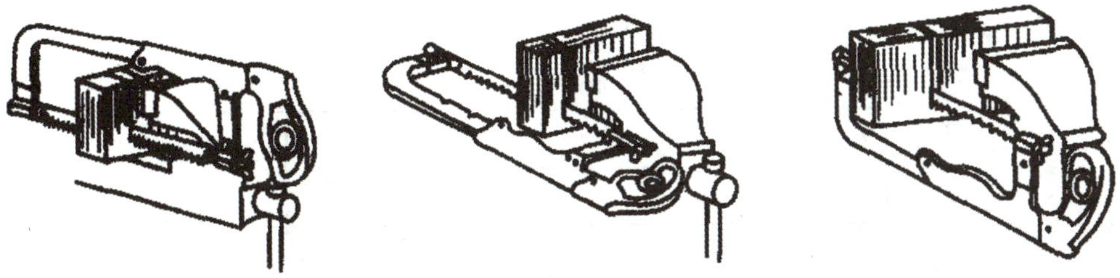

（e）深缝的锯割

图 1－33　锯割方法

四、锯削质量分析

1. 造成锯齿崩裂的原因

（1）起锯角太大或起锯时用力过大。

（2）锯削时突然加大压力，工件棱边钩住锯齿而崩裂。

（3）锯削薄板料和薄壁管子时锯条选择不当。

2. 造成锯条折断的原因

（1）锯条安装得过松或过紧。

（2）工件装夹不牢固或装夹位置不正确，造成工件松动或抖动。

（3）锯缝歪斜后强行纠正。

（4）锯削速度过快，压力太大，锯条容易被卡住。

（5）更换新锯条后，原锯缝容易出现夹锯现象。

（6）工件被锯断时没有减慢锯削速度和减小锯削力，手锯突然失去平衡有可能导致锯条折断。

（7）锯削过程中停止工作，但未将手锯取出而碰断。

3. 造成锯缝歪斜的原因

（1）锯条安装得过松或歪斜、扭曲。

（2）工件安装时，锯缝未能与铅垂线方向一致。

（3）锯削压力过大，使锯条左右偏摆。

（4）锯削时未扶正锯弓或用力过猛使锯条背离锯缝中心平面。

五、锯削实践操作

实训工单

完成如图 1 - 34 所示工件的锯削操作。

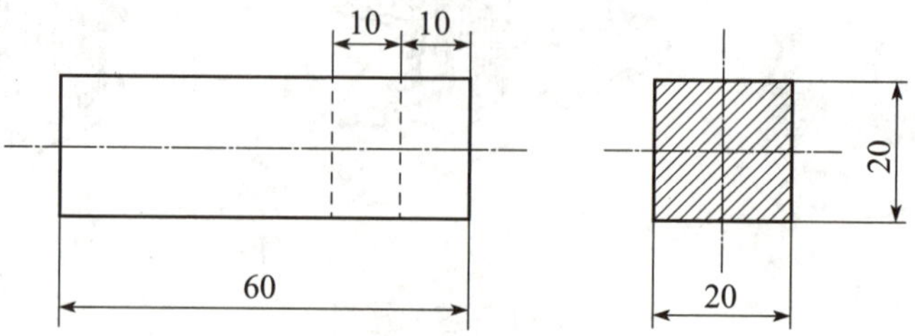

图 1 - 34　工件

毛坯料为 20mm × 20mm × 60mm 的 Q235 方料，任务是将其锯为两块长度为 10mm 的方块，要求锯削平直。

步骤及注意事项如下：

（1）在工件上划线 10mm、20mm 的线。

（2）锯条分别压 10mm、20mm 线锯削两块。

（3）锯削前要认真检查划线情况，确认无误后再锯削加工。

（4）要求锯削姿势正确、协调，及时纠正和克服不正确的姿势。

（5）要符合尺寸及平面度要求，并保证锯痕整齐。

简述锯削动作和姿势。

对锯削质量进行分析，查找造成锯削缺陷的原因。

任务三 锉削

理论学习工单三

请结合本任务所学回答以下问题：

1. 简述锉削的概念。

2. 简述锉刀的结构。

3. 锉刀的分类。

4. 简述锉刀的选择方法。

5. 简述锉削操作方法。

用锉刀对工件表面进行切削加工，使它达到零件图样要求的形状、尺寸和表面粗糙度的过程称为锉削。锉刀如图 1 – 35 所示。

图 1 – 35　锉刀

锉削常安排在錾削和锯割之后，是一种精度较高的加工方法，其尺寸精度最高可达 IT7 ～ IT8，表面粗糙度 *Ra* 可达 1.6 ～ 0.8μm。锉削可用于成形样板、模具型腔以及部件的制作，以及去毛刺、锉平面、曲面等，也可在装配、修配时对工件进行整理。锉削是钳工基本操作方法之一，锉削质量好坏常常能反映钳工的水平高低。

一、锉削工具

锉刀由碳素工具钢 T13、T12 或 T13A、T12A 制成，经淬火处理，其切削部分的硬度达 62HRC 以上。锉刀的规格一般以截面形状、锉刀长度、锉纹粗细来表示。

1. 锉刀的结构

锉刀的结构如图 1 – 36 所示，由工作部分和锉柄组成，工作部分由锉面和锉边组成。

锉刀的锉纹是剁齿机剁出来的，锉纹有单纹和双纹两种，双纹锉刀锉削时锉屑碎断，锉面不易堵塞，锉削省力，应用最为普遍。单纹锉刀一般用于锉铝等软材料。锉纹交叉排列，形成切削齿与容屑槽，锉齿的形状如图 1 – 37 所示。

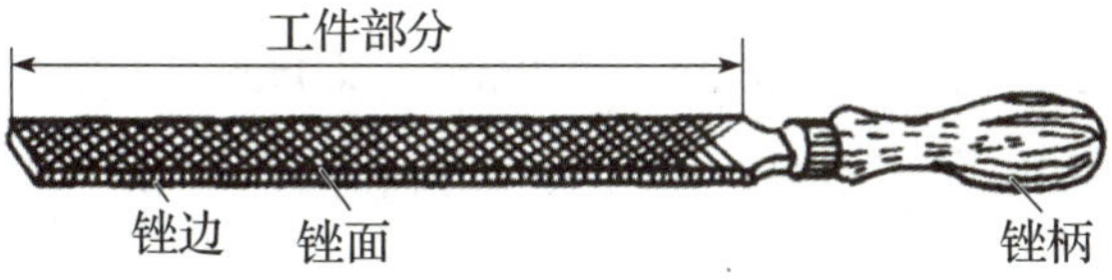

图 1 – 36　锉刀的结构

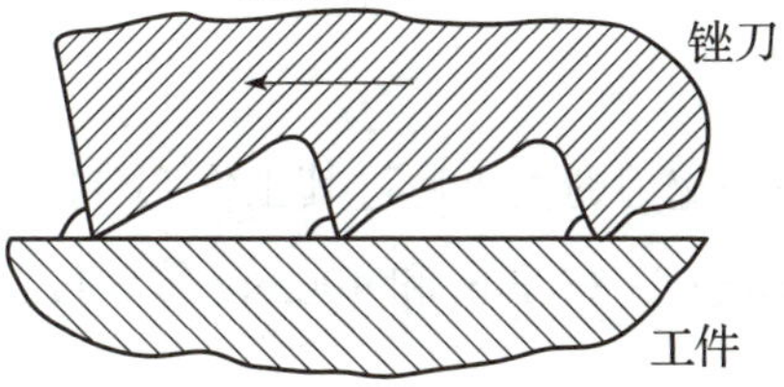

图 1 – 37　锉齿的形状

2. 锉刀的分类

锉刀按用途可分为钳工锉、特种锉、整形锉等。

钳工锉按其截面形状可分为平锉、方锉、三角锉、半圆锉和圆锉 5 种，如图 1－38 所示，其中平锉应用较为广泛。

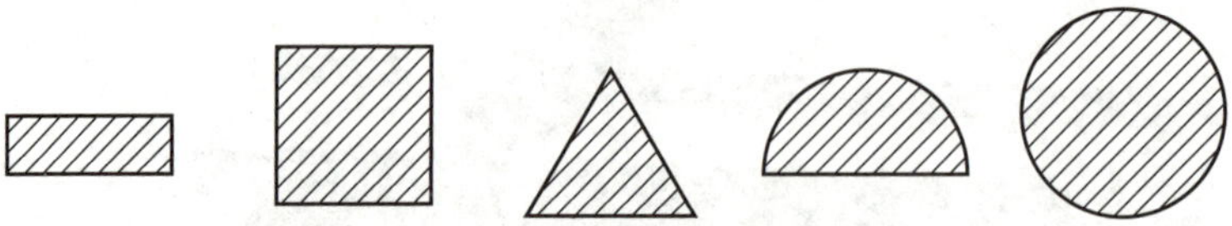

图 1－38　钳工锉

特种锉常用于加工零件的特殊表面，按其截面形状分为刀口锉、菱形锉、扁三角锉、椭圆锉、圆肚锉等，如图 1－39 所示。

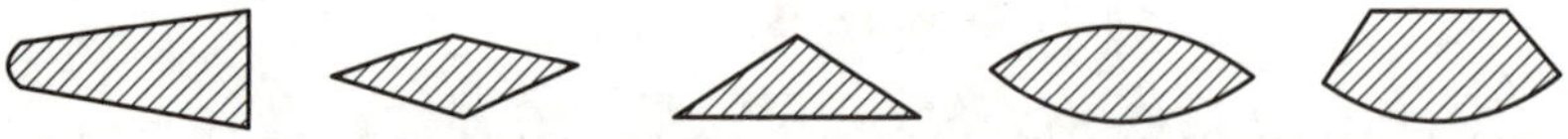

图 1－39　特种锉

整形锉又称什锦锉或组锉，是具有各种断面形状的小锉，用于修整工件上的细小部分。通常为 5 把、6 把、8 把、10 把或 12 把一组，如图 1－40 所示。

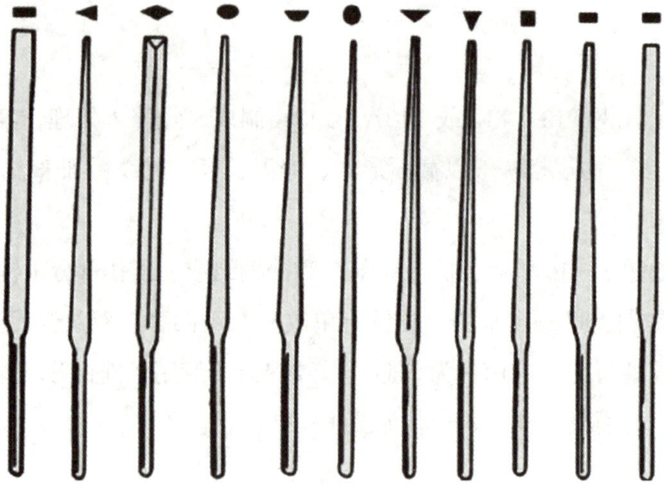

图 1－40　整形锉

锉刀的大小通过其工作部分的长度表示，可分为 100mm、150mm、200mm、250mm、300mm、350mm 和 400mm 等。按其齿纹粗细可分为粗齿、中齿、细齿和油光齿等。锉刀刀齿粗细的划分、特点和用途见表 1－1。

表 1－1　锉刀刀齿粗细的划分、特点和用途

锉齿粗细	锉齿	特点和应用	加工余量（mm）	表面粗糙度 *Ra*（μm）
粗齿	4 ～ 12	齿间大，不易堵塞，适宜粗加工或锉铜、铝等有色金属	0.5 ～ 1	50 ～ 12.5
中齿	13 ～ 33	齿间适中，适于粗锉后加工	0.2 ～ 0.5	6.3 ～ 3.2
细齿	30 ～ 40	锉光表面或锉硬金属	0.05 ～ 0.2	1.6
油光齿	50 ～ 62	精加工时修光表面	0.05 以下	0.8

3. 锉刀的选择

锉削前，应根据金属材料的硬度、加工余量、工件的表面粗糙度要求选择锉刀，加工余量小于 0.2mm 时宜用细锉。

二、锉削操作方法

1. 工件装夹

工件必须牢固地装夹在台虎钳钳口的中间，并略高于钳口，一般被锉削面高出钳口 10 ～ 15mm。夹持已加工表面时，应在钳口与工件间垫以铜片或铝片。易变形和不便直接装夹的工件，可以通过其他辅助材料装夹。

2. 锉刀的握法

（1）较大型锉刀的握法。

通常，长度在 250mm 以上的锉刀，要用右手握紧刀柄，柄端顶住掌心，大拇指压在锉刀的上部，其余四指轻握锉刀柄。左手的握法有多种方式，当右手推动锉刀时，左手协同右手保持锉刀的平衡。较大型锉刀的握法如图 1－41 所示。

（2）中、小型锉刀的握法。

对于长度在 200mm 左右的中型锉刀，其握持方法与大型锉刀相似，只是左手由大拇指、食指和中指轻轻扶住锉刀前端即可。对于小型锉刀，右手食指压放在锉刀柄的侧面，其他手指自然握住锉刀柄，左手只用手指压在锉刀中部即可。对于更小型的锉刀（如整形锉），只需将右手食指放在锉刀上面，拇指在侧面，其余手指自然握住即可。中、小型锉刀的握法如图 1－42 所示。

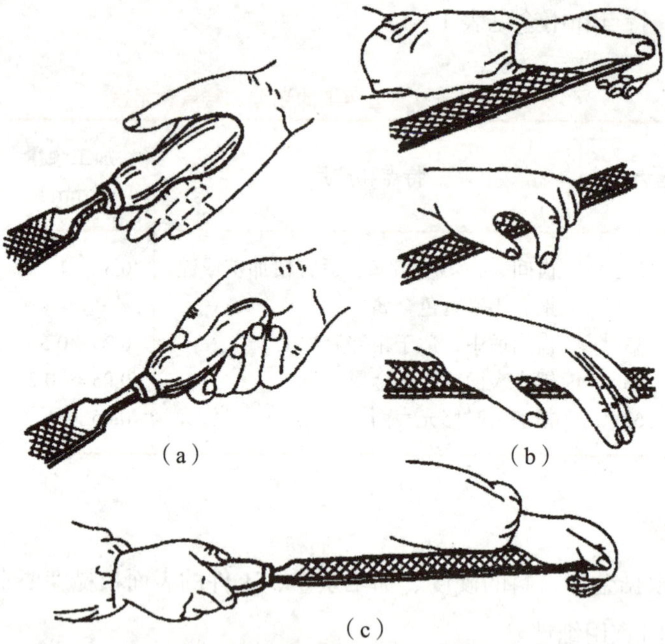

图 1-41 较大型锉刀的握法

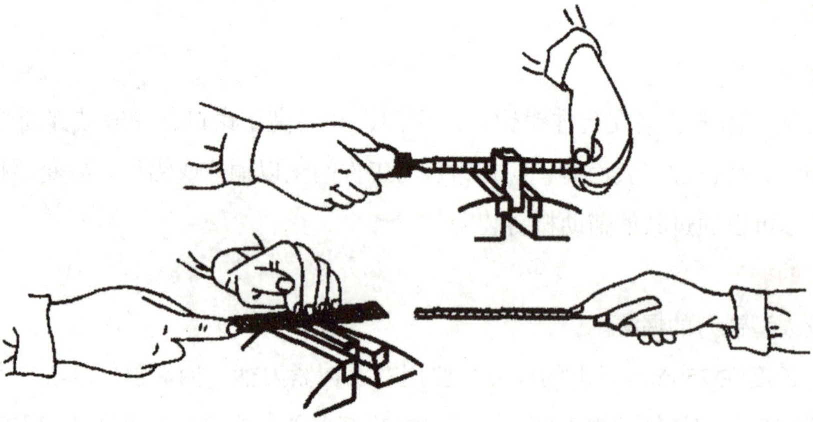

图 1-42 中、小型锉刀的握法

3. 锉削姿势

锉削时的站立位置和姿势与锯削时基本相同，身体运动要自然并便于用力，以能够适应不同的加工要求为准。

4. 施力变化

锉削平面时保持锉刀平直运动是确保锉削质量的关键。锉削力量分为水平推力和垂直压力。推力主要由右手控制，其大小必须大于切削阻力才能锉去锉屑；压力是由两手控制的，其作用是使锉齿深入金属表面。由于锉刀两端伸出工件的长度随时都在变化，因此两手压力大小必须随之变化。两手压力对工件中心的力矩相等，这是确保锉刀平直运动的关键。锉平面时的施力情况如图 1-43 所示。

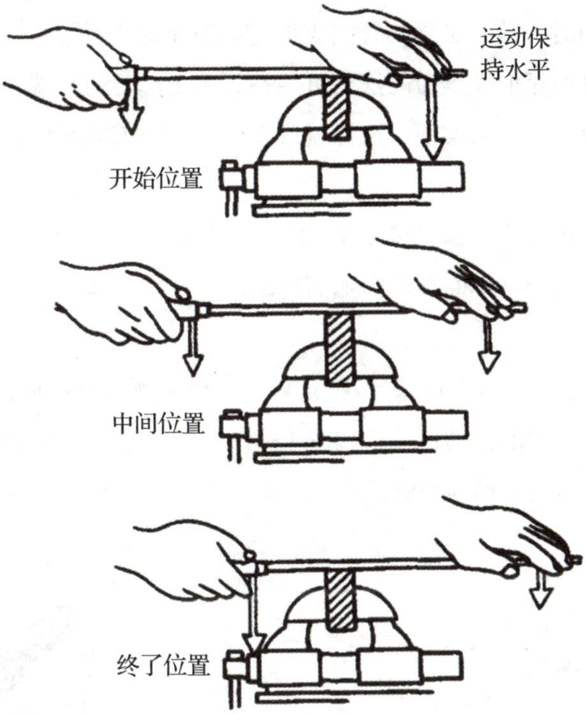

图 1-43　锉平面时的施力情况

三、平面锉削的基本方法

粗锉时采用交叉锉法（见图 1-44），这样不仅锉得快，而且可以通过锉痕判别加工部分是否锉到尺寸。平面基本锉平后，可用顺向锉法（见图 1-45）进行锉削，以降低工件表面粗糙度，并获得正直的锉纹。最后，可用细锉刀或光锉刀以推锉法（见图 1-46）修光。

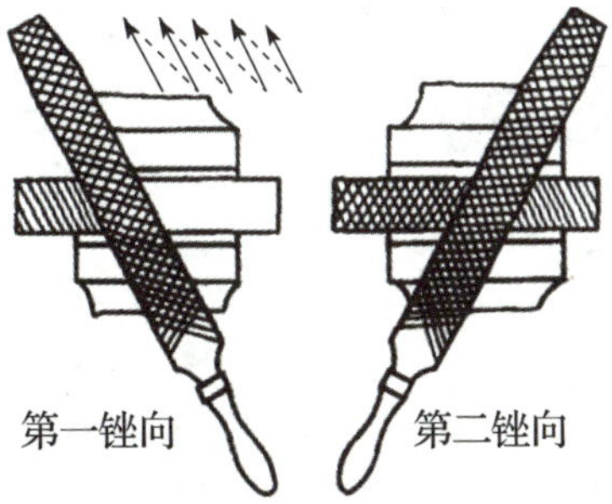

图 1-44　交叉锉法

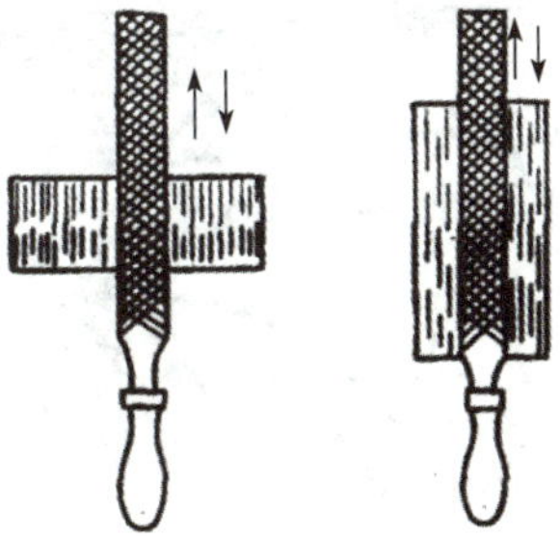

图 1-45　顺向锉法

图 1-46　推锉法

四、曲面锉削的基本方法

1. 锉削外圆弧面

在锉削外圆弧面时，锉刀必须同时完成推进运动和绕圆弧中心摆动的复合运动。锉刀的推进运动与锉削平面相似，锉刀的摆动可用一只手压锉刀的一端，另一只手把锉刀的另一端往上抬，通过双手配合来实现，这样就可以锉削出所需的圆弧面。常用的锉外圆弧面的方法有以下两种：

（1）横着圆弧面锉削法。锉刀按图 1－47（a）所示的两个箭头的方向运动，既做横着圆弧面的直线推进运动，又不断顺着圆弧面转动。这种方法锉削效率高，但精度低，适用于粗锉外圆弧面。

（2）顺着圆弧面锉削法（又叫滚锉法）。锉削时锉刀顺着圆弧面推进，同时右手下压、左手上提锉刀以实现锉刀的摆动运动，如图 1－47（b）所示。这种方法锉削的外圆弧面光洁圆滑，但效率低，适用于精锉外圆弧面。

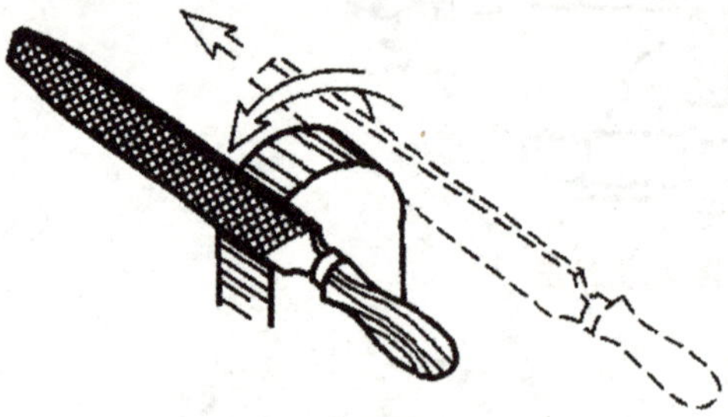

（a）横着圆弧面锉削

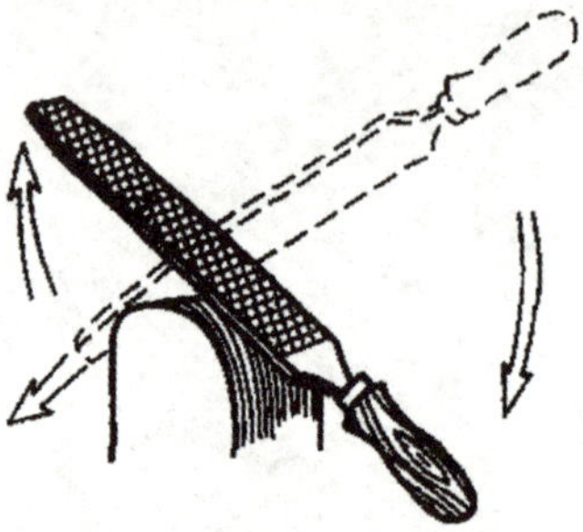

（b）顺着圆弧面锉削

图 1－47　外圆弧面的锉削方法

2. 锉削内圆弧面

锉削内圆弧面时，锉刀除了向前运动外，还要进行一定的旋转和向左或向右的移动，如图 1－48 所示。

图 1－48　内圆弧面的锉削方法

3. 球面的锉削方法

锉圆柱端部球面的方法：锉刀一边沿凸圆弧面做顺向滚锉动作，一边绕球面的球心和周向摆动，如图 1－49 所示。

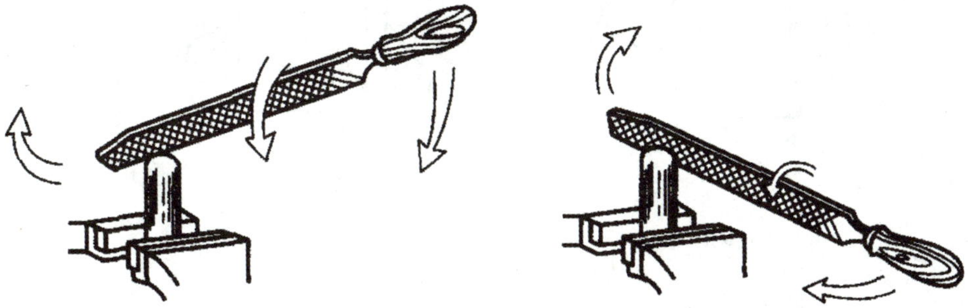

（a）直向锉法　　（b）横向锉法

图 1－49　球面的锉削方法

五、锉削的注意事项和质量检验

1. 锉削的注意事项

（1）为防止锉刀过快磨损，不要用锉刀锉削毛坯件的硬皮或工件的淬硬表面，而应先用其他工具或用锉梢前端、边齿加工。

（2）锉削时应先用锉刀一面，待这个面用钝后再用另一面。

（3）锉削时要充分使用锉刀的有效工作面，避免局部磨损。

（4）锉削时锉削速度不应过快，一般每分钟 40 次左右为宜。

（5）不能将锉刀作为装拆、敲击和撬物的工具使用，防止因锉刀材质较脆而折断。

（6）用整形锉和小锉刀时，用力不能太大，防止锉刀折断。

（7）锉刀要防水防油。沾水后的锉刀易生锈，沾油后的锉刀在工作时易打滑。

（8）锉削过程中，若发现锉纹上嵌有锉屑，要及时用锉刷去除，以免锉屑损坏加工面。锉刀用完后，要用锉刷或铜片顺着锉纹刷掉残留的锉屑，以防生锈。千万不可用嘴吹锉屑，以防锉屑飞入眼内。

（9）放置锉刀时要避免与硬物相碰，锉刀与锉刀不要重叠堆放，以免损坏锉齿。

2. 锉削的质量检验

锉削后，工件的尺寸可用钢直尺和卡尺检验。工件的平直度及垂直度可用光隙法检验，即用直角尺根据是否能透过光线来检验，如图 1－50 所示。

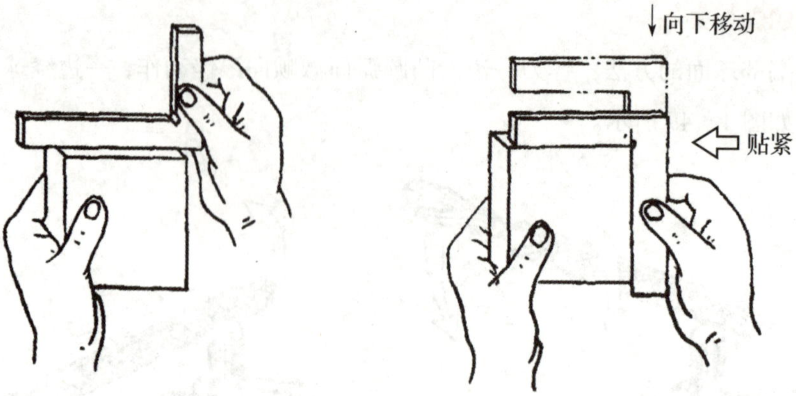

图 1－50　检查平直度和垂直度

六、锉削质量分析

锉削有时作为零件加工的最后一道工序，如果因锉削不合格而导致工件报废，会造成很大的损失。锉削时产生废品的种类、原因及预防方法见表 1－2。

表 1－2　锉削时产生废品的种类、原因及预防方法

废品种类	产生原因	预防方法
工件夹坏	（1）台虎钳钳口太硬，将工件表面夹出凹痕。 （2）夹紧力太大，将空心件夹扁。 （3）薄而大的工件未夹好，锉时变形	（1）夹精加工工件时应用铜钳口。 （2）夹紧力要恰当，夹持最好用弧形木垫。 （3）对簿而大的工件要用辅助工具夹持
平面中凸	锉削时锉刀摇摆	加强锉削技术的训练
工件尺寸太小	（1）划线不正确。 （2）锉刀锉出加工界线	（1）按图样尺寸正确划线。 （2）锉削时要经常测量，确定每次锉削量
表面不光洁	（1）锉刀粗细选用不当。 （2）锉屑嵌在锉刀中未清除	（1）合理选用锉刀。 （2）经常清除锉屑
不应锉的部分被锉掉	（1）锉垂直面时未选用光边锉刀。 （2）锉刀打滑导致锉伤邻近表面	（1）应选用光边锉。 （2）注意清除油污等引起打滑的物质

七、锉削实践操作

实训工单

完成如图 1－51 所示的六面体的锉削。

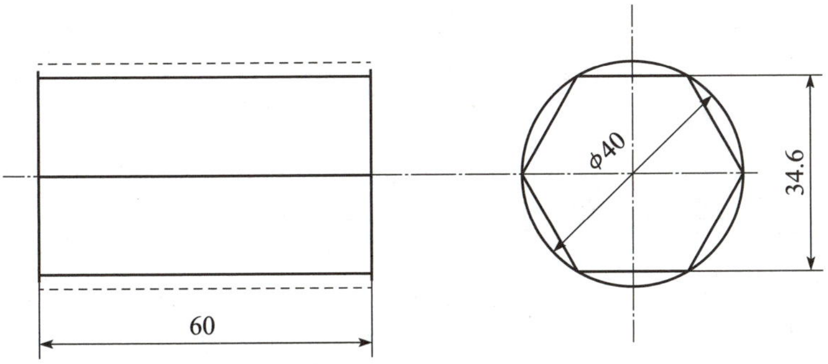

图 1－51 六面体

将毛坯尺寸为 ϕ40mm × 60mm 的 Q235 圆棒料锉削成六面体，要求尺寸符合图样标注，平面平直，六角形均匀对称，相对平面平行，相邻面角度为 120°。

锉削步骤如图 1－52 所示，即先锉平一面，再锉与之相对的面，然后锉其余 4 个面。

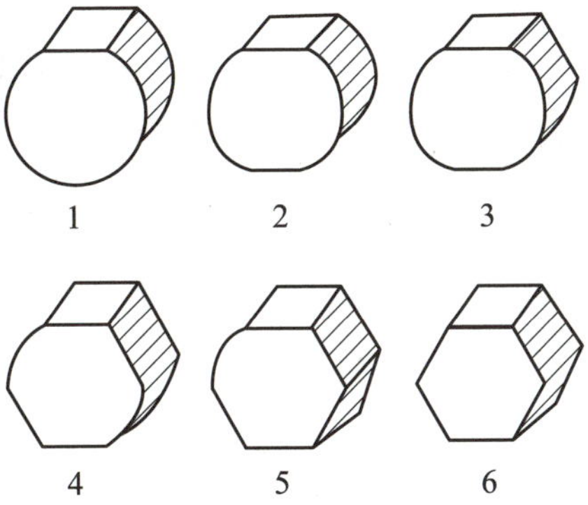

图 1－52 六面体锉削步骤

注意：在锉某一面时，既要参照所划的线，又要随时用角度尺检查 6 个侧面与端面的垂直度，用游标卡尺测量尺寸，检验平面的平面度、直线度和相对面的平行度。

对锉削质量进行分析，总结造成锉削缺陷的原因及避免方法。

理论学习工单四
请结合本任务所学回答以下问题： 1. 孔加工包括哪些内容？ 2. 简述麻花钻的构造。 3. 简述一般工件的钻孔方法和步骤。

孔的加工是钳工工作的重要内容之一。根据孔的用途不同，孔的加工方法大致分为两类：一类是在实心材料上加工出孔，即用麻花钻、中心钻等进行钻孔；另一类是对已有的孔进行再加工，即用扩孔钻、锪钻、铰刀等进行扩孔、锪孔和铰孔。

钻孔时，钻头装在钻床或其他设备上，依靠钻头与工件间的相对运动进行切削，切削运动由主运动和进给运动合成，如图 1－53 所示。

图 1－53　钻头的运动

（1）主运动：切削工件所需的基本运动，即钻头的旋转运动。

（2）进给运动：使被切削金属继续投入切削的运动，即钻头的直线运动。

一、钻头

1. 麻花钻的构造

麻花钻是应用最广的钻头，分为锥柄和直柄两种，主要由 3 个部分组成：柄部、颈部、工作部分，如图 1－54 所示。

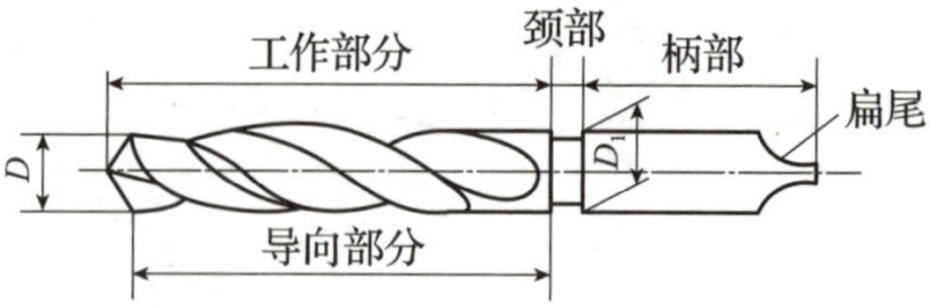

（a）锥柄

（b）直柄

图 1－54　麻花钻

2. 钻头的切削部分

钻头的切削部分的六面五刃如图 1－55 所示。

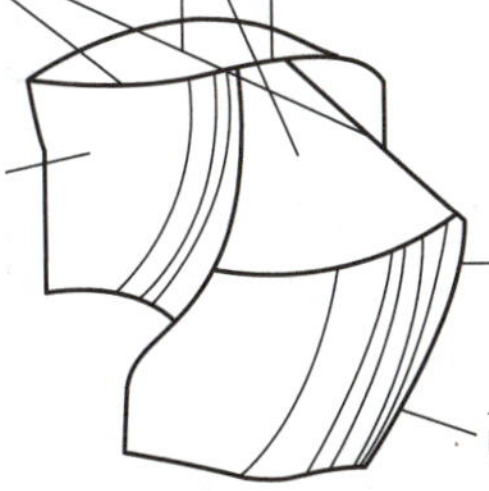

图 1－55　钻头的切削部分

（1）两个前刀面：切削部分的两螺旋槽表面。

（2）两个后刀面：切削部分顶端的两个曲面，加工时它与工件的切削表面相对。

（3）两个副后刀面：与已加工表面相对的钻头两棱边。

（4）两条主切削刃：两个前刀面与两个后刀面的交线。

（5）两条副切削刃：两个前刀面与两个副后刀面的交线。

（6）一条横刃：两个后面的交线。

二、常用钻孔工具及设备

1. 常用的小型钻削工具

常用的小型钻削工具是手电钻。在装配和修理工作中，经常要在较大的工件上钻孔，或在工件的某些特殊位置钻孔，用钻床不方便时，就可用手电钻钻孔。常用的手电钻有手枪式和手提式两种，如图 1－56 所示。手电钻的规格以其最大钻孔直径表示，一般有 6mm、10mm、13mm、19mm 和 23mm 等。

（a）手枪式

（b）手提式

图 1－56　手电钻

2. 常用的钻孔设备

常用的钻孔设备是钻床，钳工常用的钻床有台式钻床（见图 1－57）、立式钻床（见图 1－58）及摇臂钻床（见图 1－59）。

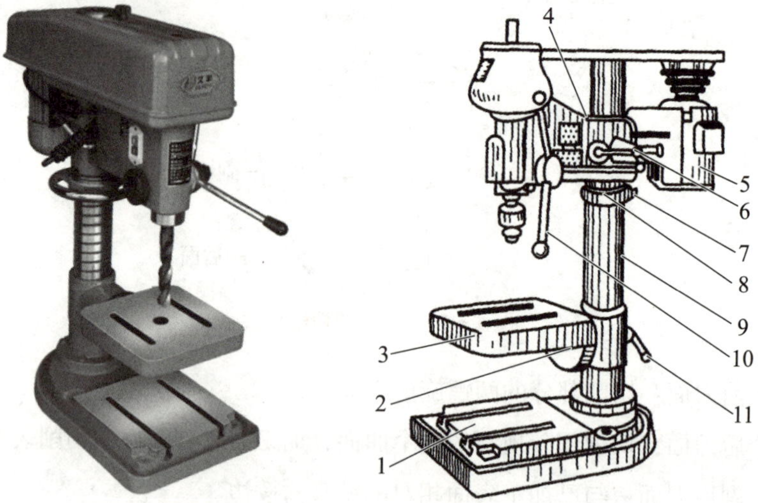

图 1－57　台式钻床

1—底座面；2—锁紧螺钉；3—工作台；4—头架；5—电动机；6—手柄：7—螺钉；8—保险环；9—立柱；10—进给手柄；11—锁紧手柄

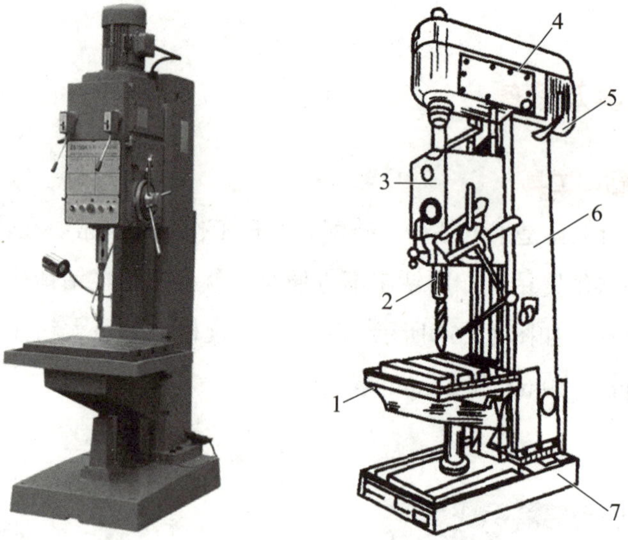

图 1－58　立式钻床

1—工作台；2—主轴；3—进给变速箱；4—主轴变速箱；5—电动机；6—床身；7—底座

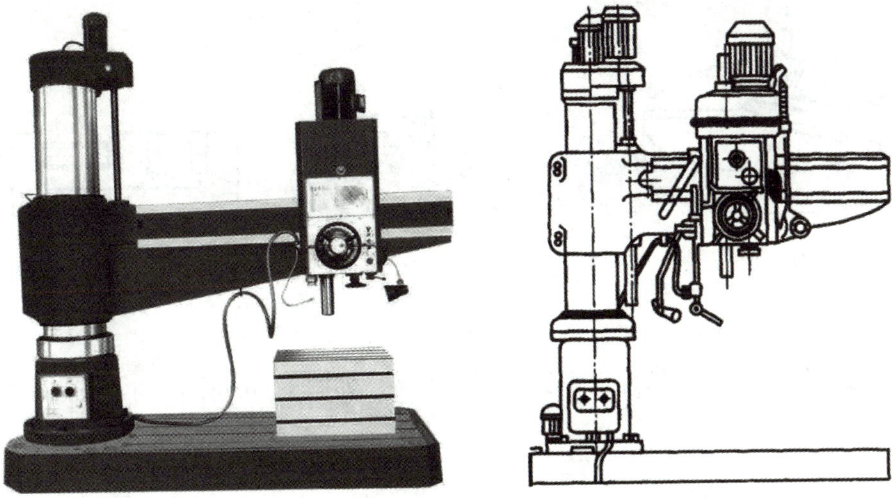

图 1-59 摇臂钻床

三、钻孔方法

根据所钻孔的直径及所钻孔的位置不同，应选用不同的钻削设备和钻削刀具，同时采用不同的装夹方法。例如，加工小孔或位置比较特殊的孔可使用手电钻；加工直径较大的孔且工件便于定位装夹时，可使用钻床进行钻削。

1. 钻头夹具

常用的钻头夹具是钻夹头和钻套。

（1）钻夹头用于装夹直柄钻头。钻夹头柄部呈圆锥面，可与钻床主轴内孔配合安装；头部 3 个爪可通过紧固扳手转动，同时张开或合拢。

（2）钻套（又称过渡套筒）用于装夹锥柄钻头。钻套一端的孔安装钻头，另一端外锥面接钻床主轴内锥孔。

2. 工件的夹持

（1）平整工件的夹持。

1）用手握持。当钻孔直径在 8mm 以下，且工件又可以用手握牢而不会发生事故时，可以握持工件进行钻孔。为防划伤手，应对工件握持边倒角。工件快要被钻穿时，进给量要小。有些工件虽可用手握持，但为保证安全，最好再用螺钉将工件靠在工作台上，如图 1-60 所示。

2）用手虎钳夹持。直径在 8mm 以上或不能用手握牢的小工件，可以用手虎钳夹持，或用小型机床用平口虎钳夹持，如图 1-61 所示。

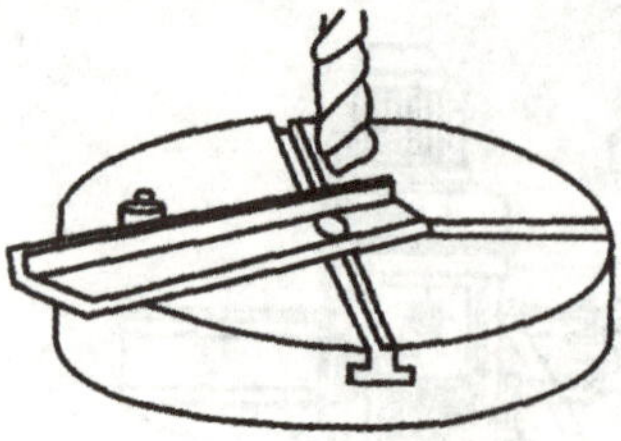

图 1－60　用螺钉靠住

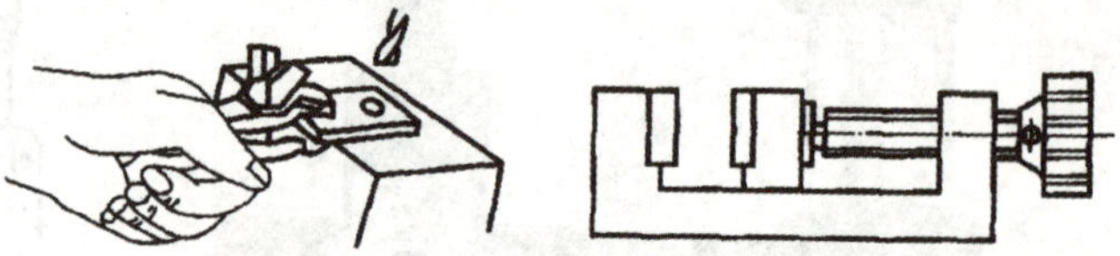

图 1－61　用手虎钳或平口虎钳夹持

（2）圆柱形工件的夹持。

圆柱形工件可用 V 形铁配以螺钉、压板夹持，如图 1－62 所示，可防止圆柱形工件在钻孔时转动。

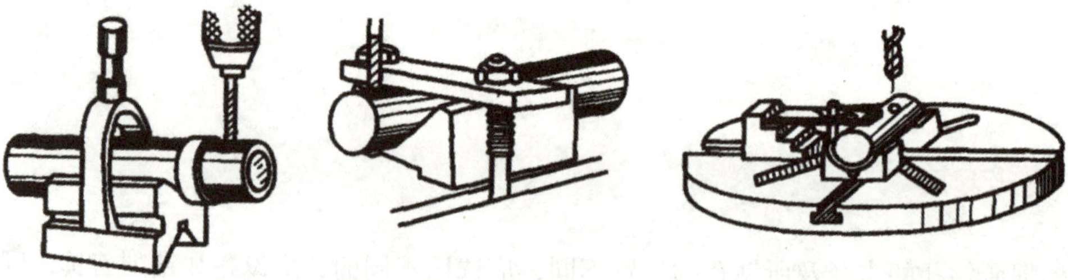

（a）V形铁　（b）V形铁配以螺钉　（c）V形铁配以压板

图 1－62　圆柱形工件的夹持

（3）用压板夹持。

需在工件上钻较大的孔时，或用机床用平口虎钳不好夹持时，可用图 1－63 所示的方法夹持，即用压板、螺栓、垫铁将工件固定在钻床工作台上。

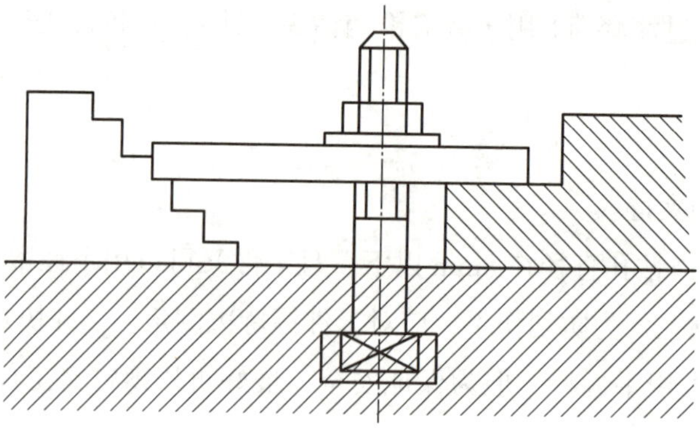

图 1－63　用压板夹持

3. 钻孔方法

（1）一般工件的钻孔方法。

1）试钻。起钻的位置是否准确直接影响孔的加工质量。钻孔前，先把孔中心的样冲眼冲大一些，这样可使横刃在钻前落入样冲眼内，钻孔时钻头不易偏离中心。判断钻尖是否对准钻孔中心，要在两个互相垂直的方向上观察。观察到已对准后，先试钻一个浅坑，看钻出的锥坑与所划的钻孔圆周线是否同心，如果同心，就可继续钻孔；否则要借正后再钻。

2）借正。发现试钻的锥坑与所划的钻孔圆周线不同心时，应及时借正。一般通过移动工件位置借正。

3）限速限位。在钻通孔且即将钻穿时，必须减少进给量，如果采用自动进给，此时最好改为手动进给。钻尖刚钻穿工件材料时，轴向阻力会突然减小，钻床进给机构的间隙和弹性变形突然恢复，将使钻头以很大的进给量自动切入，可能导致钻头折断或钻孔质量降低等现象。

4）深孔的钻削要注意排屑。通常，当钻进深度达到直径的 3 倍时，钻头就要退出排屑。之后每钻进一定深度，钻头就要退刀排屑一次，以免因切屑阻塞而扭断。

5）直径超过 30mm 的大孔可分两次钻孔。先用 0.5 ～ 0.7 倍孔径的钻头钻孔，再用所需孔径的钻头扩孔。这样可以减小轴向力，既能保护机床和钻头，又能提高钻孔质量。

（2）在圆柱形工件上钻孔的方法。

轴类、套类工件上，经常要钻出与轴线垂直并通过轴线的孔，这时钻孔的借正工作就显得特别重要。当孔的中心与工件中心对称度要求较高时，应选用 V 形架支承工件，并将工件的钻孔中心线找正到与钻床主轴的中心线在同一条铅垂线上。然后在钻夹头上夹上一个定心工具，并用百分表找正定心工具，使之与主轴达到同轴度要求，同时使它的振摆量在 0.01 ～ 0.02mm 之间。最后调整 V 形铁使之与圆锥体彼此结合，再用压板将 V 形铁位置固定。

借正工作结束后开始划线。先在工件端面用直角尺找正端面的中心线，并使之保持垂直。然后换上钻头，压紧工件，试钻一个浅坑，判断中心位置是否正确。如有误差，则调整工件位置再试钻。

当对称要求不太高时，可不用定心工具，而先用钻头的钻尖找正 V 形架的位置，再用直角尺借正工件端面的中心线，并使钻尖对准钻孔中心，然后进行试钻和钻孔。

（3）在斜面上钻孔的方法。

若直接用钻头在斜面上钻孔，钻头在单向径向力的作用下，会因切削刃受力不均匀而产生偏切现象，导致钻孔偏歪、滑移，不易钻进。即使勉强钻进，钻出的孔的圆度和轴心线的位置度也难以保证，甚至可能折断钻头。对此，可采取以下方法：

1）先用立铣刀在斜面上铣出一个水平面，然后再钻孔。

2）用錾子在斜面上錾出一个小平面后，先用中心钻钻出一个较大的锥坑，或用小钻头先钻出浅孔，然后再钻孔。为了保证钻头有较好的刚度，应选用较短的钻头，同时使钻头在钻夹头中的伸出量尽量短。

（4）钻半圆孔的方法。

1）相同材料的半圆孔的钻削方法。当相同材料的两工件边缘需钻半圆孔时，可把两工件合起来，用台虎钳夹紧后再钻孔。若只需钻一件，则可将一块材质相同的物料与该工件拼起来，用台虎钳夹紧后再钻孔。

2）在两件不同材质的工件上钻骑缝孔时，可采用“借料”的方法。即钻孔的孔中心样冲眼要打在略偏向硬材料的一边，以抵消因阻力小而导致的钻头偏向软材料的偏移量。

3）使用半孔钻。半孔钻是把标准麻花钻切削部分的钻心修磨成凹凸形，以凹为主，突出两个外刃尖，钻孔时切削表面形成凸肋，可限制钻头的偏移，因此可以进行单边切削。为防止振动，最好采用低速手动进给。

4. 切削液的作用与种类

（1）切削液的作用：冷却、润滑、内润滑和洗涤等。

（2）切削液的种类：乳化液和切削油。

5. 切削用量的选择

钻孔时的切削用量主要指切削速度、进给量和切削深度。

（1）切削速度。切削速度是指钻削时钻头切削刃上任一点的线速度。一般指切削刃最外缘处的线速度。

（2）进给量。钻孔时的进给量是指钻头每转一圈，钻头沿孔的深度方向移动的距离，单位为毫米（mm）。

（3）切削深度。钻孔时的切削深度等于钻头的半径。

合理选择切削用量，是为了在保证加工精度、表面粗糙度、钻头合理耐用度的前提下，最大限度地提高生产效率；同时，不允许超过机床的功率和机床、刀具、工件、夹具等的强度和刚度。

选择切削用量的基本原则如下：

在允许范围内，尽量先选用较大的进给量。当进给量受到表面粗糙度及钻头刚度限制时，再考虑选择较大的切削速度。具体选择时，应根据钻头直径、钻头材料、工件材料、表面粗糙度等因素决定。一般情况下可查表选取，必要时可进行适当的修正或由试验确定。

6. 钻孔时产生废品的原因分析

钻孔时产生废品的主要原因是钻头刃磨、工件装夹、切削用量的选择和操作这 4 个方面不正确。钻孔时产生废品的原因和预防方法见表 1－3。

表 1－3 钻孔时产生废品的原因和预防方法

废品形式	产生原因	预防方法
钻孔呈多角形	（1）钻头后角太大。 （2）两切削刃长短不一或角度不对称	正确刃磨钻头
孔径大于规定尺寸	（1）钻头两主切削刃的长短高低不一。 （2）钻头摆动	（1）正确刃磨钻头。 （2）消除钻头摆动
孔壁粗糙	（1）钻头不锋利。 （2）后角太大。 （3）进刀量太大。 （4）冷却不足，冷却液润滑性差	（1）把钻头磨锋利。 （2）减小后角。 （3）减少进刀量。 （4）选用润滑性好的冷却液
钻孔位置偏移或歪斜	（1）工件表面与钻头不垂直。 （2）钻头横刃太长。 （3）钻床主轴与工作台不垂直。 （4）进刀过于急躁。 （5）工件固定不紧	（1）正确安装工件。 （2）磨短横刃。 （3）检查钻床主轴的垂直度。 （4）进刀不要太快。 （5）工件要夹得牢固

7. 钻孔时钻头损坏的原因和预防方法

钻孔时钻头损坏的原因和预防方法见表 1－4。

表 1－4 钻孔时钻头损坏的原因和预防方法

损坏形式	损坏原因	预防方法
钻头工作部分折断	（1）用钝钻头工作。 （2）进刀量太大。 （3）钻屑塞住钻头的螺旋槽。 （4）钻孔快钻通时，因进刀阻力迅速降低而突然增加进刀量。 （5）工件松动。 （6）钻铸铁时碰到缩孔	（1）将钻头磨锋利。 （2）减少进刀量，合理提高切削速度。 （3）钻深孔时，钻头退出几次，以使钻屑及时排出。 （4）钻孔快钻通时减少进刀量。 （5）将工件可靠固定。 （6）钻有缩孔的铸件时要减少进刀量
切削刃迅速磨损	（1）切削速度过高。 （2）钻头刃磨角度与工件硬度不适应	（1）降低切削速度。 （2）根据工件硬度选择钻头刃磨角度

四、扩孔、铰孔和锪孔

1. 扩孔

用扩孔钻将已有孔（铸出、锻出或钻出的孔）扩大的加工方法称为扩孔，如图 1－64

所示。通常，扩孔的加工精度可达到 IT9 ～ IT10，表面粗糙度 Ra 为 3.2 ～ 6.3μm。

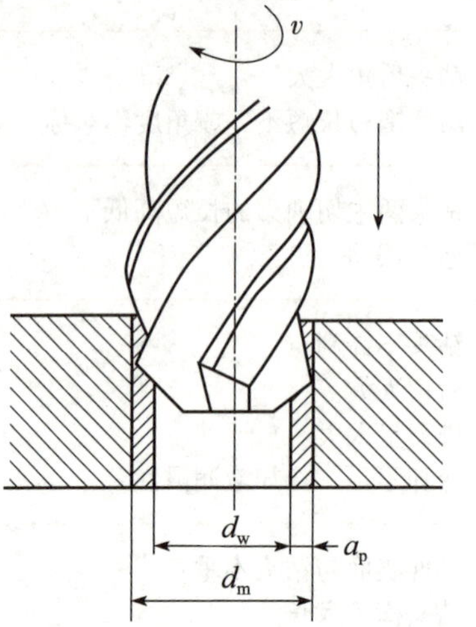

图 1 - 64　扩孔

扩孔钻如图 1 - 65 所示，其形状和钻头相似，但前端为平面，无横刃，有 3 ～ 4 条切削刃，螺旋槽较浅，钻芯粗大，刚性好。扩孔时不易弯曲，导向性好，切削稳定。

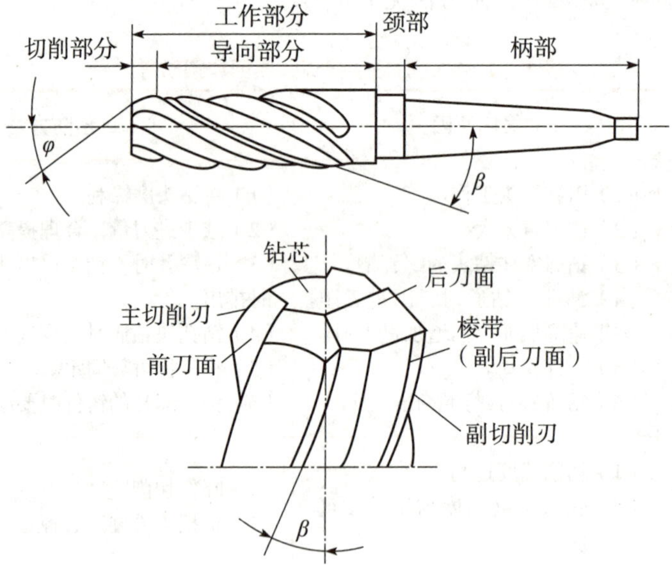

图 1 - 65　扩孔钻

2. 铰孔

铰孔是对工件上的已有孔进行精加工的一种方法，如图 1 - 66 所示。铰孔的余量小，通常加工精度可达到 IT6 ～ IT7，表面粗糙度 Ra 为 0.8 ～ 1.6μm。

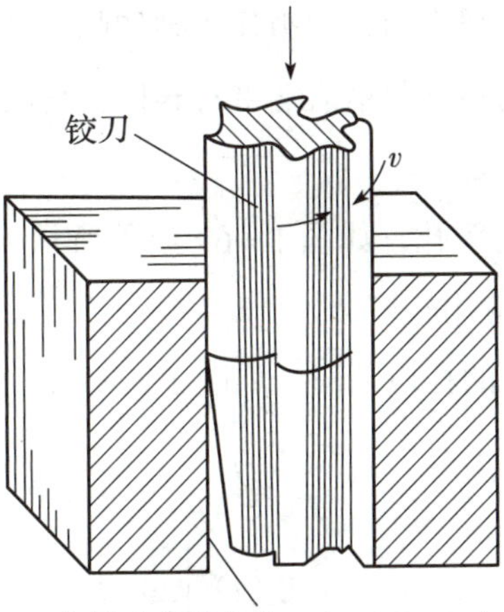

图 1 - 66　铰孔

铰孔用的刀具称为铰刀，铰刀的切削刃有 6 ～ 12 个，容屑槽较浅，横截面大，因此铰刀的刚性和导向性好。铰刀分为手用和机用两种，如图 1 - 67 所示。手用铰刀的柄部是直柄带方榫，机用铰刀的柄部是锥柄扁尾。手工铰孔时，将铰刀的方榫夹在铰杠的方孔内，转动铰杠带动铰刀旋转即可进行铰孔。

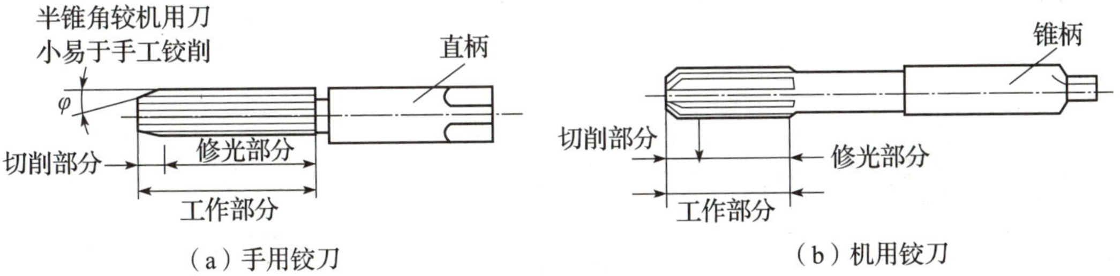

图 1 - 67　铰刀

铰杠是用来夹持手用铰刀的工具，常用的有固定式和活动式两种，如图 1 - 68 所示。

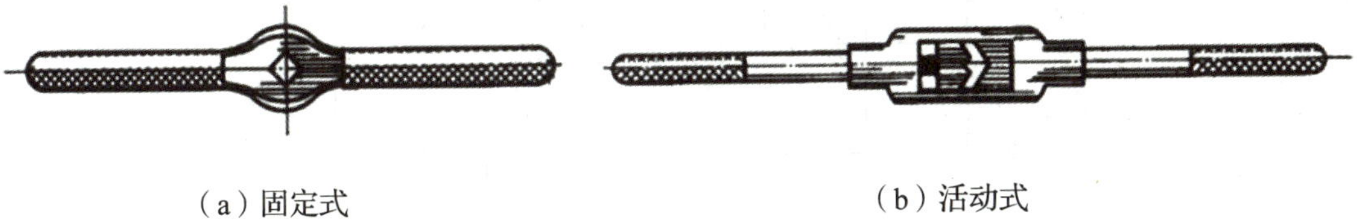

图 1 - 68　铰杠

3. 锪孔

锪孔是对工件上的已有孔进行孔口型面的加工。锪孔用的刀具称为锪钻，常用的有圆柱形埋头锪钻、锥形锪钻和端面锪钻。

圆柱形埋头锪钻端刃起切削作用，周刃作为副切削刃起修光作用，如图 1 - 69（a）所示。为保证原有孔与埋头孔同心，锪钻前端带有导柱，与已有孔配合起定心作用。导柱和锪钻本体可制成整体也可分开装配。

锥形锪钻用于锪圆锥形沉头孔，如图 1 - 69（b）所示。锪钻顶角有 60°、75°、90° 和 120°4 种，顶角为 90° 的锪钻应用较广。

端面锪钻用于锪与孔垂直的孔口端面，如图 1 - 69（c）所示。

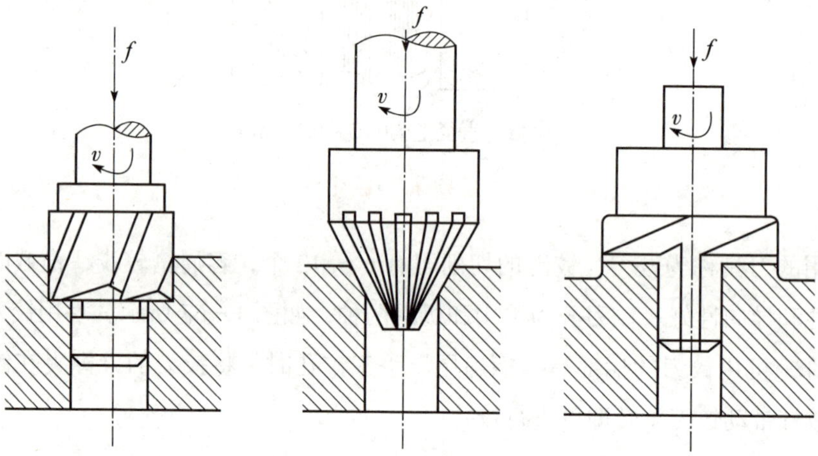

（a）锪柱孔　（b）锪锥孔　（c）锪端面

图 1 - 69　锪孔

五、孔加工实践操作

实训工单

完成如图 1 - 70 所示工件的钻孔工作。

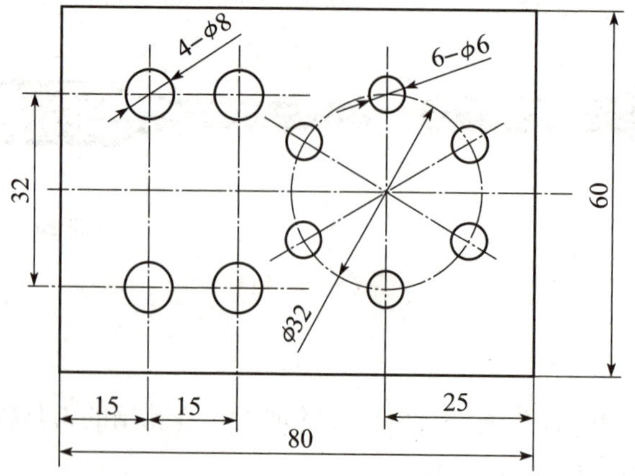

图 1 - 70　工件

钻孔步骤如下：

（1）按图样标注尺寸划出各钻孔位置中心线。

（2）在各钻孔中心位置打样冲眼。

（3）借助游标卡尺等量具检验样冲眼的位置是否正确。

（4）各尺寸检验合格后，将对应的钻头安装在台钻上开始钻孔。

（5）钻孔过程中注意遵守台钻安全操作规程和钻孔注意事项。

（6）卸下工件，检验钻孔是否合格。

分析钻孔位置偏移或歪斜的原因。

任务五　攻螺纹和套螺纹

理论学习工单五
请结合本任务所学回答以下问题： 1. 简述攻螺纹前底孔直径的计算方法，以及攻不通孔时孔深度的计算方法。   2. 简述攻螺纹的操作要点及注意事项。   3. 简述套螺纹的操作要点及注意事项。

一、攻螺纹

用丝锥在工件孔壁上切削出内螺纹的加工方法称为攻螺纹，也称攻丝，如图 1 – 71 所示。

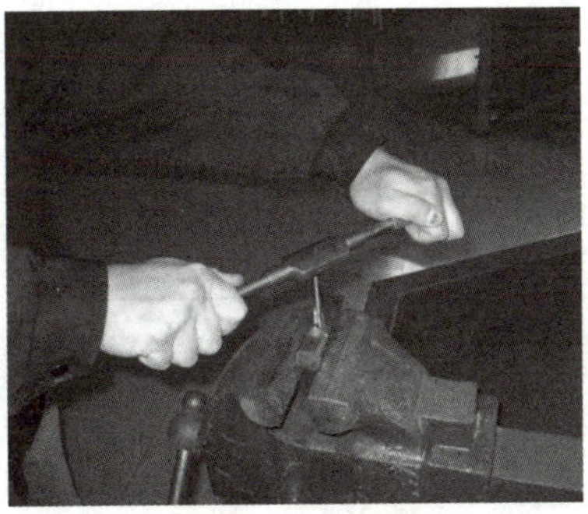

图 1 – 71　攻螺纹

1. 攻螺纹工具

常用的手工攻螺纹工具有手用丝锥和铰杠，如图 1 – 72 所示。

（a）手用丝锥

（b）铰杠

图 1 – 72　手工攻螺纹工具

（1）丝锥。

丝锥是用来加工较小直径内螺纹的成形刀具，一般选用合金工具钢 9SiGr 经热处理制成。通常，M6 ～ M24 的丝锥一套为两支，即头锥、二锥；M6 以下及 M24 以上的丝锥一套有三支，即头锥、二锥和三锥。手用丝锥有普通螺纹丝锥、圆柱管螺纹丝锥和圆锥管螺纹丝锥之分。丝锥如图 1 – 73 所示，一般由工作部分和柄部组成。工作部分实质上类似于表面开有槽的外螺纹，分为切削部分和找正部分。切削部分一般磨成圆锥形，有锋利的切削刃，切削负荷由多个切削刃分担，切削部分是丝锥的主要工作部分。找正部分有完整牙形，并在大径、中径和小径上沿柄部方向制成（0.05 ～ 0.12）/100mm 的倒锥量，以减小丝锥与螺孔的摩擦。找正部分用于修光和找正切削部分已切出的螺纹，并具有导向作用，以引导丝锥沿轴向运动。丝锥的工作部分沿轴向开有 3 ～ 4 条容屑槽，以形成切削刃和排屑。手用丝锥的柄部为圆柱形，末端为方榫，供夹持并传递扭矩。

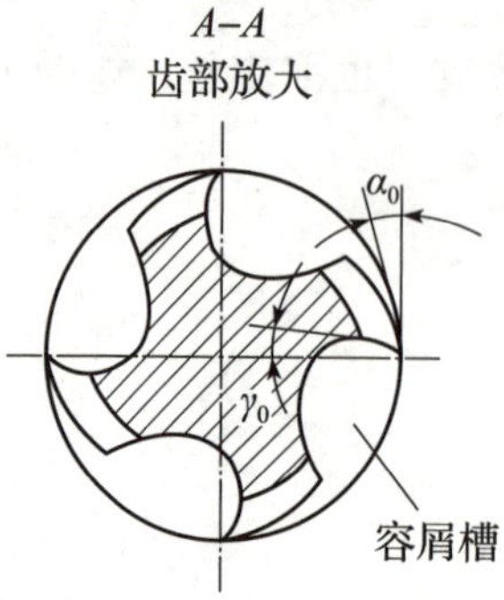

（a）切削部分齿部放大图

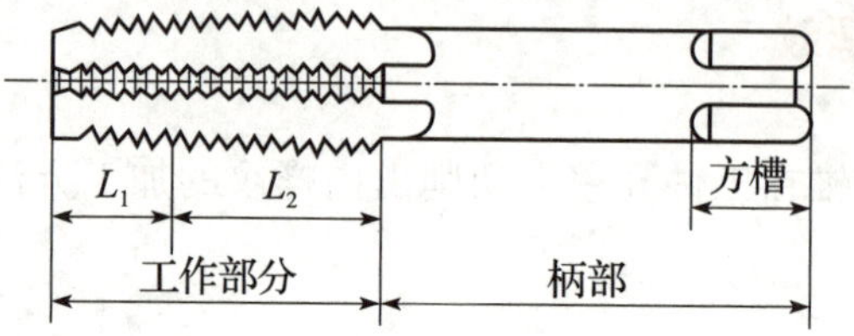

（b）手用丝锥

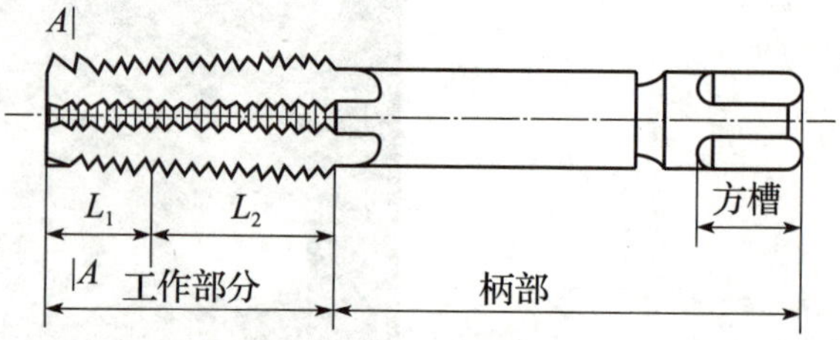

（c）机用丝锥

图 1－73　丝锥

（2）铰杠。

铰杠是用来夹持丝锥的工具，常用的有普通铰杠（见图 1－74）和丁字形铰杠（见图 1－75）两类，每类铰杠又分为固定式和可调式两种。铰杠的规格以其长度表示，常用的有 150mm、225mm、275mm、375mm、475mm 和 600mm 六种规格。通常，攻制 M5 以下的螺纹用固定式铰杠，攻制 M5 以上的螺纹用可调式铰杠。

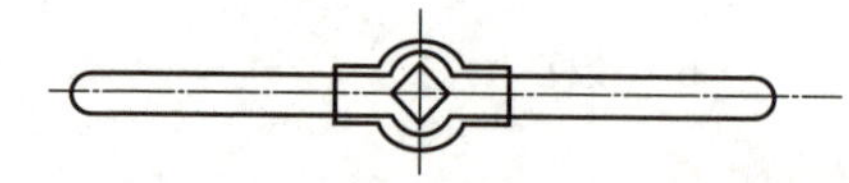

（a）固定式

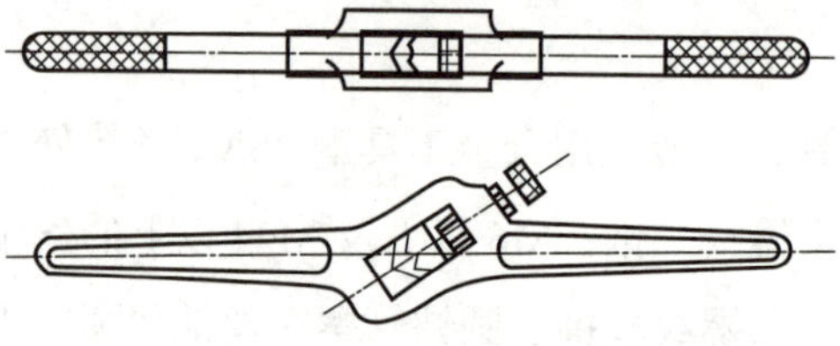

（b）可调式

图 1－74　普通铰杠

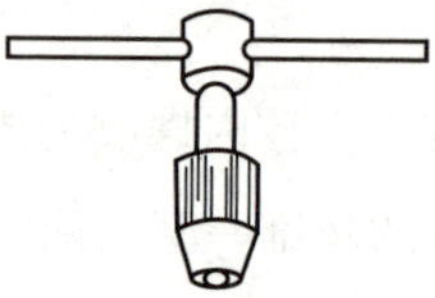

（a）可调式

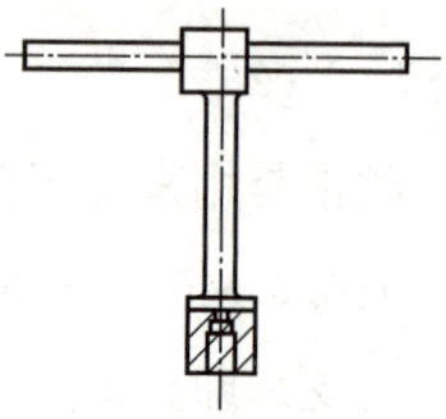

（b）固定式

图 1－75　丁字形铰杠

2. 攻螺纹前的准备工作

（1）底孔直径及深度的确定。

攻螺纹前必须钻底孔。由于丝锥在工作时除了切削金属外，还对金属产生一定的挤压作用，使螺纹牙顶凸起一部分，因此钻孔直径必须略大于螺纹的小径，可用计算法确定：

加工钢和塑性较大的材料时，

$$D_{钻}=D-P \quad （式 1-1）$$

加工铸铁和塑性较小（脆性）的材料时

$$D_{钻} = D-(1.05\sim1.1)P \qquad（式 1-2）$$

式 1-1 和式 1-2 中：

$D_{钻}$——攻螺纹前钻底孔的钻头直径，mm；

D——螺纹公称直径（大径），mm；

P——加工螺纹的螺距，mm。

钢材上钻螺纹底孔的钻头直径见表 1－5。

表 1－5　钢材上钻螺纹底孔的钻头直径　　单位：mm

螺纹直径 /D	2	3	4	5	6	8	10	12	14	16	20	24
螺距 /P	0.4	0.5	0.7	0.8	1	1.25	1.5	1.75	2	2	2.5	3
钻头直径 /$D_{钻}$	1.6	2.5	3.3	4.2	5	6.7	8.5	10.2	11.9	13.9	17.4	20.9

（2）钻孔深度的确定。

攻盲孔（不通孔）的螺纹时，因丝锥不能攻到底，所以孔的深度要大于螺纹的长度，盲孔的深度可按下式计算：

孔的深度 = 所需螺纹的深度 $+0.7D$

（3）孔口倒角。

攻螺纹前要在钻孔的孔口进行倒角，以利于丝锥的定位和切入。倒角的深度应大于螺纹的螺距。

3. 攻螺纹的操作要点及注意事项

（1）根据工件上螺纹孔的规格，正确选择丝锥，先头锥后二锥，不可颠倒使用。

（2）工件装夹时，要使孔中心垂直于钳口，防止螺纹攻歪。

（3）用头锥起攻螺纹时，可用左手按住铰杠中间部位，沿丝锥轴线用力加压，右手配合做顺时针旋进运动，如图 1－76 所示。旋入 1 ～ 2 圈后，要检查丝锥是否与孔端面垂直（可目测或用直角尺在互相垂直的两个方向检查），如图 1－77 所示。

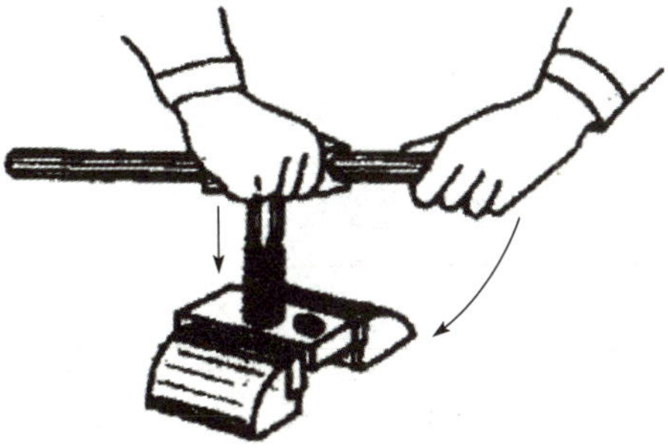

图 1－76　起攻方法

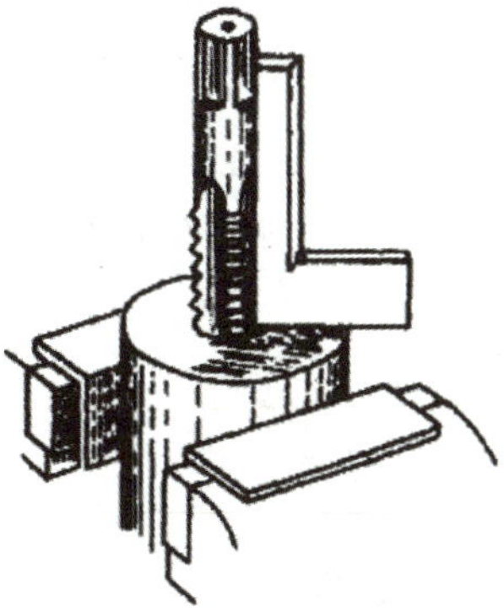

图 1－77　检查丝锥垂直度

当切削部分已切入工件后，每转 1/2 圈应反转 1/4 圈，以便切屑断落，如图 1－78 所示。反转时不能施加压力（即只转动不加压），以免丝锥崩牙或攻出的螺纹齿较瘦。

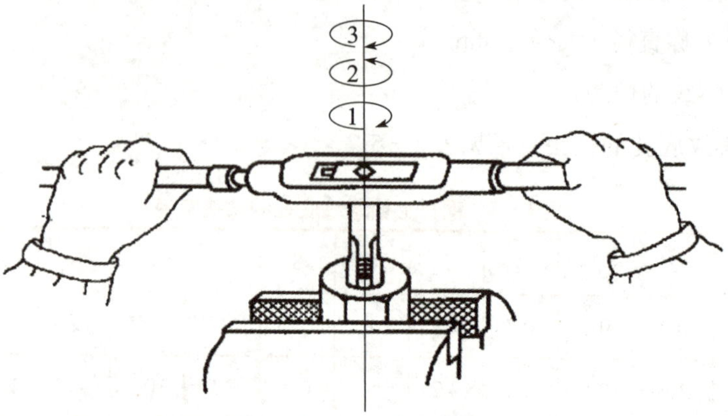

图 1－78 攻丝时需反转断屑

（4）攻钢件上的内螺纹时，要加机油润滑，这样可使螺纹光洁、省力并延长丝锥使用寿命；攻铸铁上的内螺纹时，可不加润滑剂，或者加煤油；攻铝及铝合金、紫铜上的内螺纹时，可加乳化液。

（5）不要用嘴直接吹切屑，以防切屑飞入眼内。

（6）头锥攻完后，逆时针退出螺孔，注意丝锥即将全部退出时，要放慢速度，用手捏住丝锥轻轻退出，以免损坏孔口，导致螺纹孔口烂牙。

（7）换二锥（三锥）再次攻入，攻入时沿前锥所攻的螺纹旋入，攻到底部再退出，方法同头锥。

4. 丝锥折断的原因和预防方法

丝锥折断的原因和预防方法见表 1－6。

表 1－6 丝锥折断的原因和预防方法

折断原因	预防方法
攻螺纹底孔太小	正确计算和选定底孔直径
未及时清除切屑，切屑在孔中堵住	反转切断切屑，并及时清除
铰杠过大	选择规格合适的铰杠
丝锥太钝或工件材料过硬	刃磨丝锥后角
丝锥歪斜，强行攻螺纹	攻螺纹前用角尺找正，起攻时两手用力均匀

续表

折断原因	预防方法
不通孔攻螺纹时，丝锥与孔底相顶时仍搬动丝锥	事先做好标记，注意施进深度，及时清除铁屑
韧性材料攻螺纹时未用润滑液，工件与丝锥咬住	选用冷却润滑液

5. 攻螺纹产生废品的原因分析

攻螺纹产生废品的原因分析见表 1－7。

表 1－7　攻螺纹产生废品的原因分析

废品类型	产生原因
螺纹烂牙、断裂、撕破	（1）底孔直径太小，起攻困难，左右摆动。 （2）换用二锥强行找正。 （3）未反转，造成切屑阻塞，将丝牙啃坏
螺纹歪斜	（1）丝锥位置不正。 （2）两手用力不均衡
螺纹高度不够	（1）底孔直径太大。 （2）丝锥磨损

二、套螺纹

套螺纹又称套丝，是指用板牙加工外螺纹，如图 1－79 所示。

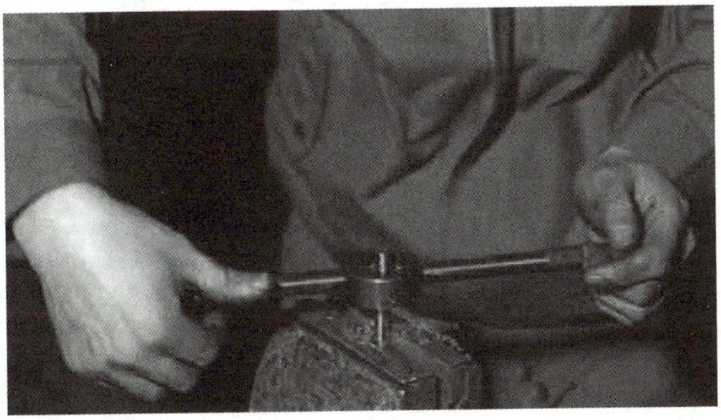

图 1－79　套螺纹

1. 套螺纹工具

板牙是加工外螺纹的刀具，有固定式和开缝式两种，如图 1－80 所示。

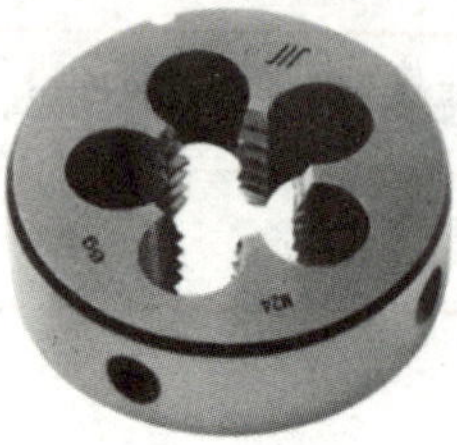

（a）固定式板牙

（b）开缝式板牙

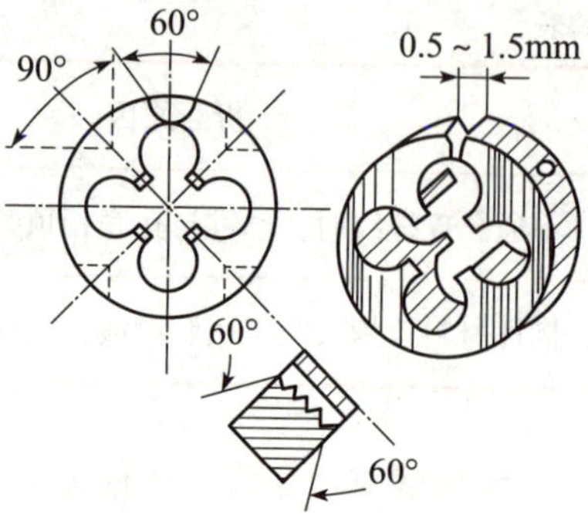

（c）板牙的外形及结构

图 1－80　板牙

板牙的外形像圆螺母，如图 1－80（c）所示，由切削部分、找正部分和排屑孔组成。板牙两端是带有 60° 锥度的切削部分，起切削作用。板牙中间一段是找正部分，起修光和导向作用。板牙的外圆有一条 V 形槽和 4 个锥坑，下面两个锥坑的作用是通过紧固螺钉将板牙固定在板牙架（见图 1－81）上，以便传递扭矩，带动板牙转动。板牙一端切削部分磨损后可翻转使用另一端。板牙找正部分磨损后导致螺纹尺寸超出公差时，可用锯片沿板牙 V 形槽将板牙锯开，利用上瓦两个锥坑，靠板牙架上的两个调整螺钉将板牙缩小。

（a）板牙架

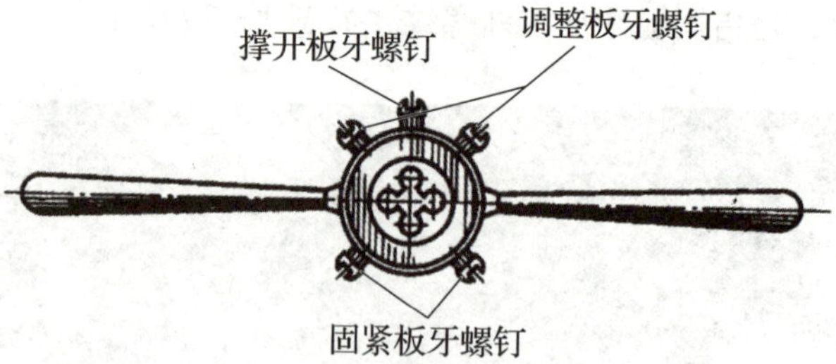

（b）板牙架结构

图 1－81　板牙架

2. 套螺纹前的准备工作

（1）套螺纹圆杆直径的确定。套螺纹前应确定圆杆直径，直径太大，板牙不易套入；直径太小，套螺纹后螺纹牙型不完整。圆杆直径可按以下经验公式计算

$$d_0=d-0.13P \qquad \text{（式 1-3）}$$

式中：

d_0——圆杆直径，mm；

d——螺纹公称直径，mm；

P——螺距，mm。

（2）圆杆端部倒角。圆杆端部倒角 60° 左右，使板牙容易对准中心和切入，如图 1－82 所示。

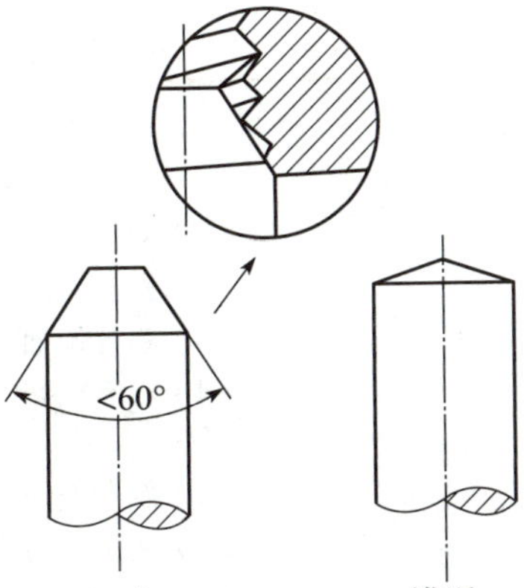

图 1－82　圆杆端部倒角

3. 套螺纹的操作要点及注意事项

（1）每次套螺纹前应将板牙排屑槽内及螺纹内的切屑清除干净。

（2）套螺纹前要检查圆杆直径和端部倒角。

（3）套螺纹时切削扭矩很大，易损坏圆杆的已加工面，所以应使用硬木制的 V 型槽衬垫或用厚铜板作保护片来夹持工件。工件伸出钳口的长度，在不影响螺纹要求长度的前提下应尽量短。

（4）套螺纹时，板牙端面应与圆杆垂直，操作时用力要均匀，为使板牙切入工件，开始施加的压力要大，转动要慢。转动板牙时要稍加压力，套入 3～4 牙后，可只转动而不加压，并经常反转，以便断屑，如图 1－83 所示。

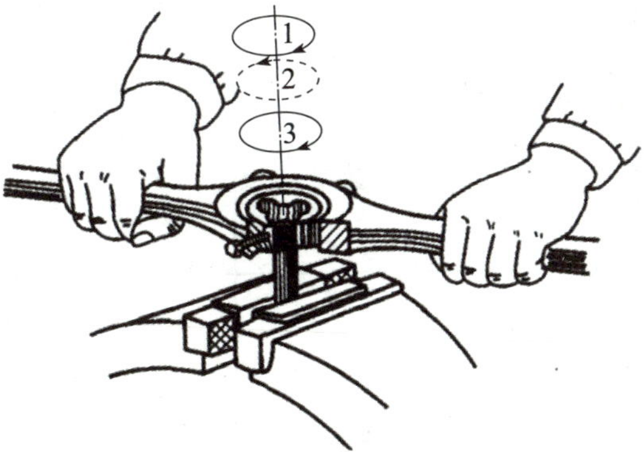

图 1－83　套螺纹

（5）在钢制件上套螺纹时需加切削液冷却润滑，以提高螺纹加工质量并延长板牙使用寿命。

攻螺纹和套螺纹工作除了可以手工完成，也可以使用机械完成。例如，使用锥体摩擦式攻螺纹夹头在钻床上攻螺纹，使用搓丝机套螺纹。

4. 套螺纹产生废品的原因分析

套螺纹产生废品的原因分析见表 1－8。

表 1－8　套螺纹产生废品的原因分析

废品类型	产生原因
螺纹烂牙、撕裂	（1）对于塑性好的材料没有用润滑油。 （2）圆杆直径太大。 （3）板牙端面与工件轴心不垂直。 （4）没有反转断屑
螺纹偏斜	（1）倒角偏斜。 （2）两手用力不均衡
螺纹太浅（高度不够）	（1）板牙架摆动太大。 （2）起套后仍施加压力扳动

三、攻螺纹和套螺纹实践操作

实训工单——攻螺纹

完成如图 1－84 所示工件的攻螺纹操作。毛坯尺寸 60mm × 50mm × 10mm，Q235 板料 1 块。

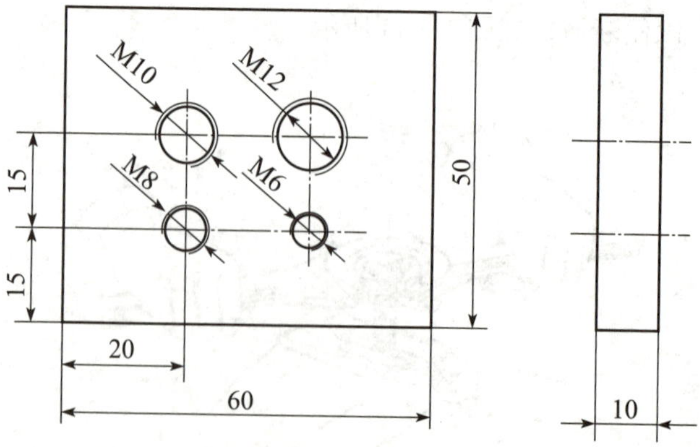

图 1－84　攻螺纹工件

攻螺纹步骤如下：

（1）按图样要求划出螺孔的加工位置线。

（2）计算攻螺纹前底孔的直径，选择相应钻头在划线位置钻底孔，并对孔口倒角。

（3）按图样螺纹尺寸取用相应丝锥进行攻螺纹。

（4）按照攻螺纹注意事项，完成 4 个螺纹孔的攻螺纹操作。

分析攻内螺纹时烂牙的原因及避免方法。

如何避免攻螺纹时丝锥折断？

实训工单二——套螺纹

完成如图 1-85 所示工件的套螺纹操作。毛坯尺寸 ϕ10mm × 80mm，Q235 棒料 1 根。

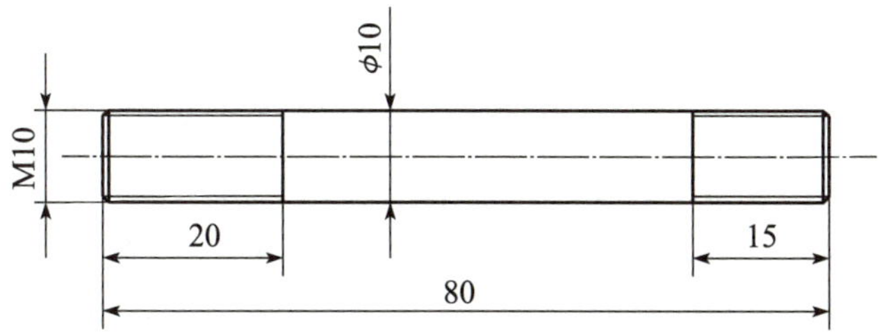

图 1-85　套螺纹工件

套螺纹步骤如下：

（1）对螺纹长度 20mm 和 10mm 进行划线。

（2）对套螺纹部位进行锉削，直径大致达到 9.8mm。

（3）利用 M10 板牙进行套螺纹，注意按照套螺纹注意事项操作。

（4）随时观察套螺纹长度，直至达到要求。

（5）用相应的螺母进行配检。

套螺纹前，圆杆直径为什么要比螺纹大径小一些?

套螺纹时，如何防止丝杠乱牙、偏斜?

单元三 钳工典型实训

钳工实训一 直角件的制作

一、工作任务

完成如图 1－86 所示直角件的加工制作。

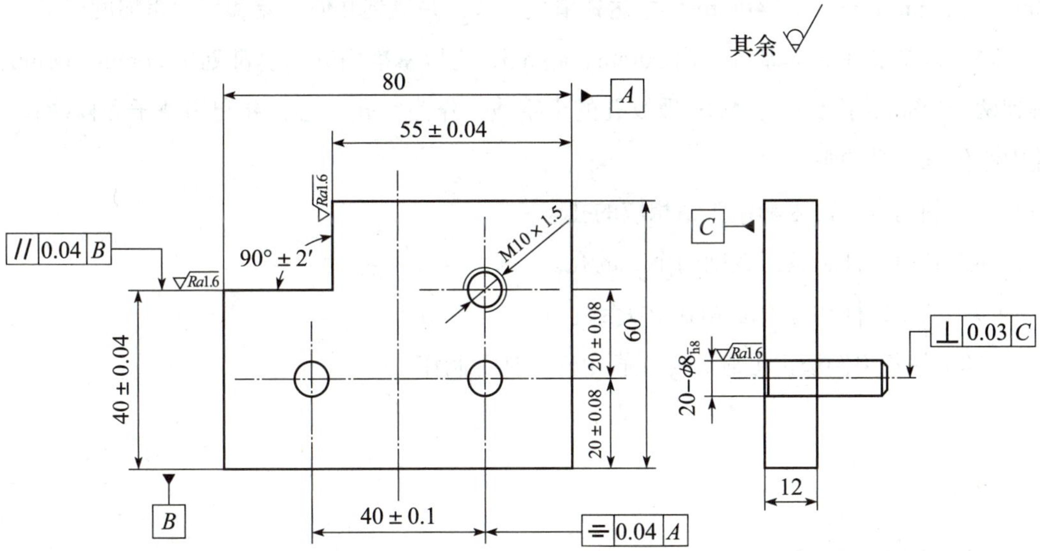

图 1－86 直角件

二、工作准备

（1）材料：Q235，尺寸 85mm × 65mm × 12mm。

（2）设备：钳工台案、台虎钳、划线平台、方箱、台式钻床等。

（3）工具：300mm 平锉、200mm 平锉、锤子、样冲、锯弓、锯条、7.8mm 麻花钻头、8.5mm 麻花钻头、8H7 铰刀、铰杠、M10 丝锥、ϕ8mm 圆柱销、毛刷等。

（4）量具：游标卡尺、直角尺、游标万能角度尺，刀口角尺、高度尺、ϕ8mm 光滑塞规、M10 螺纹塞规、磁力表座、百分表等。

（5）其他耗材：冷却液等。

三、任务实施

（1）选择一较长平面锉削加工，使其达到平面度及与 C 面垂直度要求，作为基准面 B。

（2）选择与基准面 B 相邻的任意一边进行锉削加工，使加工面与 C 面和 B 面垂直，并达到平面度要求，作为基准面 A。

（3）以基准面 B 为基准划出 60mm、40mm 加工线，再以基准面 A 为基准划出 80mm，55mm。

（4）用钢锯锯削去除各加工线外余料，各面留 0.5mm 加工余量。

（5）用 300mm 平锉粗加工各组尺寸，留 0.1mm 余量，然后用 200mm 平锉精加工 80mm、60mm、55mm、40mm 尺寸达到精度要求，并达到几何公差和表面粗糙度要求。

（6）以基准面 B 为基准划出 20mm、40mm，再以基准面 A 为基准划出 20mm、60mm，得到两个 ϕ8mm 孔和一个 M10 螺纹孔的十字线，作为钻孔中心，并利用锤子和样冲在钻孔中心位置打样冲眼。

（7）利用台式钻床和钻头钻相应的孔。

（8）利用铰杠和铰刀铰削两个 8 的孔。

（9）利用铰杠和丝锥攻 M10 内螺纹。

（10）将各边倒棱去毛刺，完成直角件的加工制作。

四、质量检验

加工完成后填写表 1－9。

表 1－9 直角件加工考核表

序号	考核内容	配分	评分标准	检测结果	得分	质量原因分析
1	55mm ± 0.04mm	10	每超 0.02mm 扣 2 分			
2	40mm ± 0.04mm	10	每超 0.02mm 扣 2 分			
3	90° ± 2′	8	每超 2′ 扣 2 分			
4	表面粗糙度 *Ra*1.6μm（2 处）	8	降级不得分			
5	// 0.04	6	每超 0.02 扣 2 分			

续表

序号	考核内容	配分	评分标准	检测结果	得分	质量原因分析
6	40mm ± 0.1mm	4	超差不得分			
7	20mm ± 0.08mm（2 处）	4	超差不得分			
8	8H7（2 处）	10	超差不得分			
9	表面粗糙度 *Ra*1.6μm（2 处）	4	降级不得分			
10	⊥ | 0.04	6	每超 0.02 扣 2 分			
11	M10	4	尺寸不合格或烂牙不得分			
12	⊥ | 0.04 | *B*	6	每超 0.02 扣 2 分			
13	安全文明生产	20	违反安全操作和文明生产规程酌情扣 1 ～ 20 分			
分数合计						

任务总结：

钳工实训二　凸形块的制作

一、工作任务

完成如图 1－87 所示的 T 形件的加工制作。

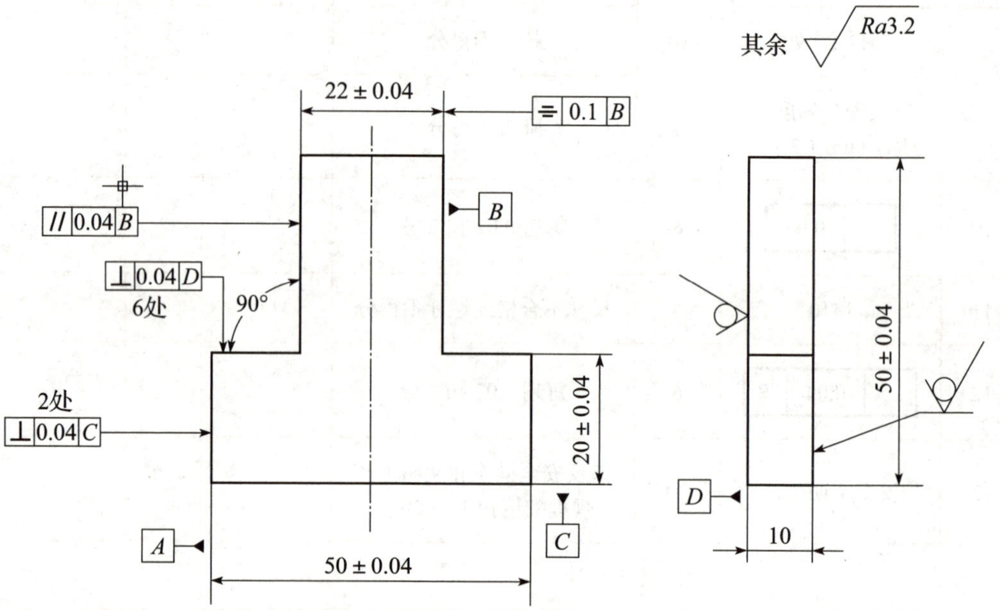

图 1－87　T 形件

二、工作准备

（1）材料：Q235，尺寸 52mm × 52mm × 10mm，数量 1 块。

（2）设备：钳工台案、台虎钳、划线平台、方箱、台式钻床等。

（3）工具：300mm 平锉、200mm 平锉、锯弓、锯条、毛刷等。

（4）量具：游标卡尺、刀口角尺、高度尺、磁力表座、百分表等。

（5）其他耗材：冷却液等。

三、任务实施

（1）按照图 1－87 所示的标注加工出基准面 *C*，保证其自身的平面度要求及与基准面 *D* 的垂直度要求。

（2）加工 *A* 面，定位另一基准，保证与 *C* 面的垂直度、平面度及与基准面 *D* 的垂直度。

（3）划出锉削加工线。以 *C* 面为基准划出 20mm、50mm 加工线；再以 *A* 面为基准依次划出 14mm（计算得来）、36mm（计算得来）、50mm 加工线。

（4）按照划出的加工线进行去料。为了保证对称度要求，先锯下右边的余料，再进行锉削加工，保证 20 ± 0.04mm、平行度、2 处 50 ± 0.04mm、平面度和与 *D* 面的垂直度。根据 50mm 处的实际尺寸，控制距 *A* 基准面 36mm 的尺寸公差。

（5）锯下左边的余料，按照 22 ± 0.04mm 及 20 ± 0.04mm 的尺寸要求加工。

（6）将各边倒棱去毛刺，完成凸形块的加工制作。

四、质量检验

加工完成后填写表 1 - 10。

表 1 - 10　凸形块加工考核表

序号	考核内容	配分	评分标准	检测结果	得分	质量原因分析
1	50mm ± 0.04mm	10	每超 0.02mm 扣 2 分			
2	20mm ± 0.04mm	10	每超 0.02mm 扣 2 分			
3	22mm ± 0.04mm	10	每超 0.02mm 扣 2 分			
4	⌯ | 0.1 | *C*	10	每超 0.02mm 扣 2 分			
5	// | 0.04 | *B*	10	超差不得分			
6	⊥ | 0.04 | *B*	10	超差不得分			
7	⊥ | 0.04 | *C*	10	超差不得分			
8	表面粗糙度 *Ra*3.2μm	10	每降一级扣 2 分			
9	安全文明生产	20	违反安全操作和文明生产规程酌情扣 1 ～ 20 分			
分数合计						

任务总结：

钳工实训三　凹形块的加工

一、工作任务

完成如图 1－88 所示的凹形块的加工制作。

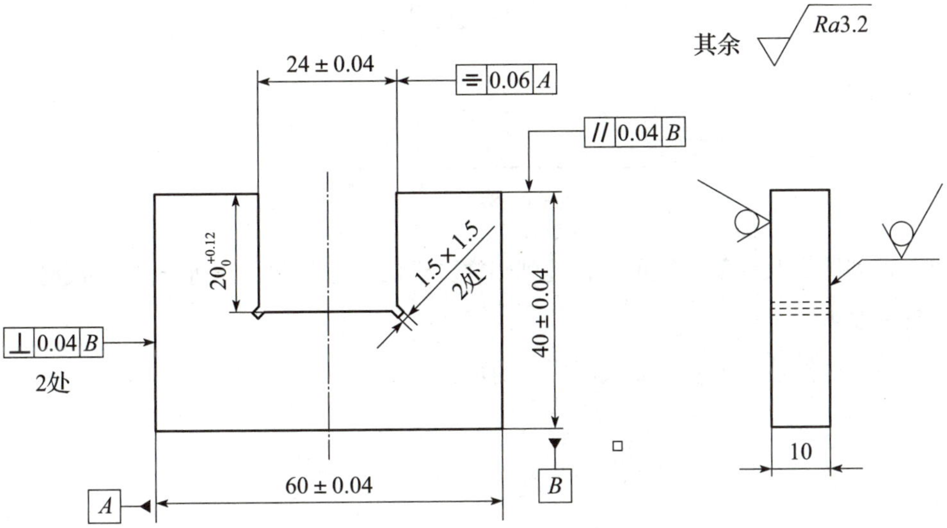

图 1－88　凹形块

二、工作准备

（1）材料：Q235，尺寸 62mm × 42mm × 10mm，数量 1 块。

（2）设备：钳工台案、台虎钳、划线平台、方箱、台式钻床等。

（3）工具：300mm 平锉、200mm 平锉、150mm 三角锉、150mm 方锉、锤子、阔錾、样冲、锯弓、锯条、ϕ3.5mm 麻花钻头、毛刷等。

（4）量具：游标卡尺、直角尺、刀口角尺、高度尺等。

（5）其他耗材：冷却液等。

三、任务实施

（1）按照图 1－88 所示的标注加工出基准面 *B*，保证它的平面度要求及与侧面的垂直度。

（2）加工 *A* 面，保证与基准面 *B* 的垂直度、平面度及与侧面的垂直度。

（3）划出各组加工界限。以 B 面为基准划出 20mm、40mm 加工线；再以 A 面为基准依次划出 18mm、24mm、60mm 尺寸线。

（4）先通过钻排孔的方式去除凹槽底部的材料（见图 1－89），再锯削凹槽两侧边，通过錾削去除凹形部分的材料。

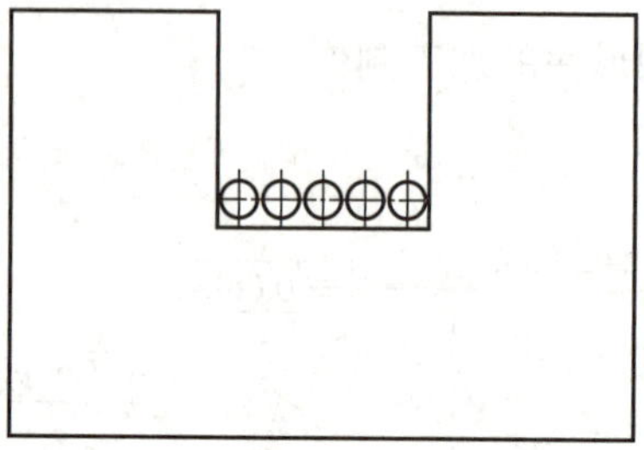

图 1－89　钻排孔

（5）锉削凹槽及外部各组尺寸，达到图样要求的尺寸公差、几何公差、位置公差及表面粗糙度的要求。

（6）将各边倒棱去毛刺，完成凹形块的加工。

四、质量检验

加工完成后填写表 1－11。

表 1－11　凹形块加工考核表

序号	考核内容	配分	评分标准	测量结果	得分	质量原因分析
1	60mm ± 0.04mm	10	每超 0.02mm 扣 2 分			
2	40mm ± 0.04mm	10	每超 0.02mm 扣 2 分			
3	24mm ± 0.04mm	10	每超 0.02mm 扣 2 分			
4	$20^{+0.12}_{0}$mm	10	每超 0.02mm 扣 2 分			
5	// | 0.4 | B	10	超差不得分			
6	⊥ | 0.04 | B	10	超差 0.04 不得分			
7	⌯ | 0.06 | A	10	超差 0.04 不得分			

续表

序号	考核内容	配分	评分标准	测量结果	得分	质量原因分析
8	表面粗糙度 *Ra*3.2μm	10	每降一级扣 5 分			
9	安全文明生产	20	违反安全操作和文明生产规程酌情扣 1 ～ 20 分			
分数合计						

任务总结：

钳工实训四　凹凸件的锉配加工

一、工作任务

完成如图 1－90 所示的凹凸件的加工制作。

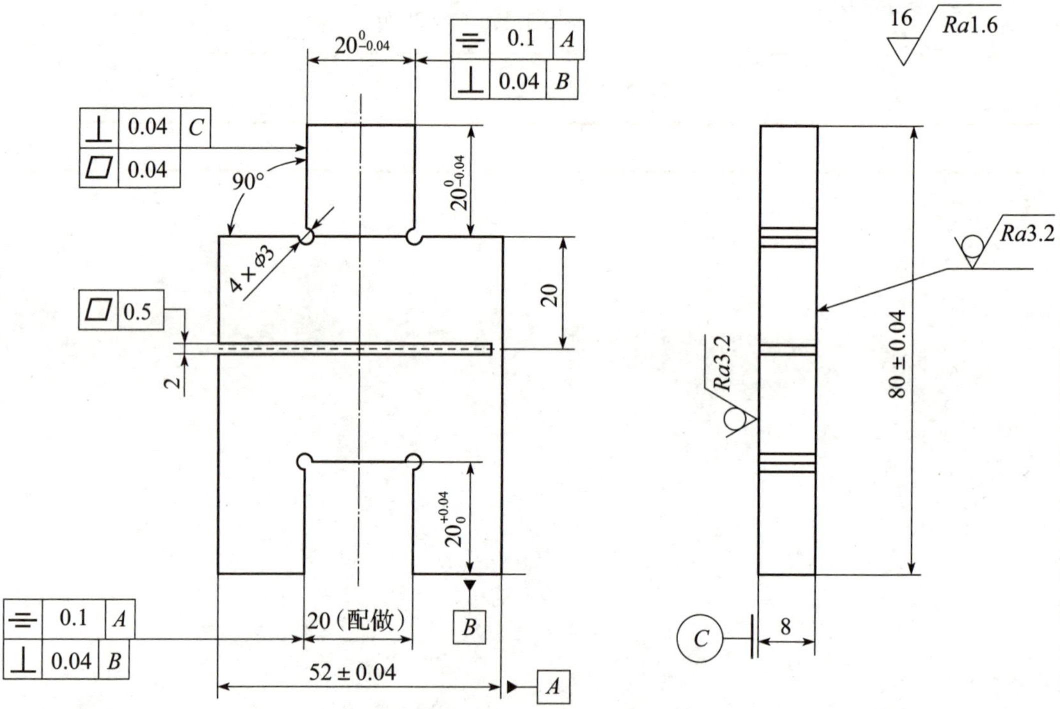

图 1－90　凹凸件

二、任务准备

（1）材料：Q235，82mm×54mm×8mm，数量 1 块。

（2）设备：钳工台案、台虎钳、划线平台、方箱、台式钻床等。

（3）工具：300mm 平锉、200mm 平锉、150mm 三角锉、150mm 方锉、锤子、阔錾、样冲、锯弓、锯条、ϕ4mm 麻花钻头、ϕ3mm 麻花钻头、毛刷等。

（4）量具：游标卡尺、直角尺、刀口角尺、高度尺等。

三、任务实施

（1）按照图 1－90 所示的要求制作 52mm×80mm×8mm 的长方体，锉削基准面 *A* 和

B 并保证与 C 面的垂直度、A 面与 B 面的垂直度和自身平面度。再锉削其他两个面，达到尺寸公差及几何公差要求。

（2）按照图 1－90 所示的要求划出凹凸体加工尺寸线。

（3）钻 4 处 ϕ3mm 工艺孔，并用 4mm 钻头钻凹槽排孔。

（4）加工凸形面。

1）按划线锯除垂直一角，粗精锉削两垂直平面。根据 80mm 实际尺寸，通过控制纵向 60mm 的尺寸公差，保证纵向 $20^{0}_{-0.04}$mm 的尺寸要求；根据 52mm 处的实际尺寸，通过控制 36mm（计算得来）的尺寸公差保证横向 $20^{0}_{-0.04}$mm 的同时，控制其对称度在 0.1mm 之内。

2）按划线锯除另一角，根据 80mm 实际尺寸，通过控制 60mm 的尺寸公差，保证纵向 $20^{0}_{-0.04}$mm 的尺寸要求；直接锉削横向 20mm 尺寸达到 $20^{0}_{-0.04}$mm 的尺寸要求。

（5）加工凹形面。

1）用 4mm 钻头钻凹槽排孔，锯削凹形面两侧边到槽底部，借助锤子、錾子錾削掉凹槽内方块，然后用三角锉或方锉粗锉凹形槽 3 个表面。

2）精锉凹形槽底面，根据 80mm 实际尺寸，通过控制 60mm 的尺寸公差（本处与凸形面的两垂直面一样控制尺寸），保证达到与凸形件端面的配合精度要求。

3）精锉两侧垂直面，两面同样根据外形 52mm 和凸形面 20mm 的实际尺寸，通过控制 20mm 的尺寸公差，保证达到与凸形面 20mm 的配合精度要求，同时保证其对称度精度在 0.1mm 以内。

（6）各棱边倒角去毛刺。

（7）以 B 基准边为基准划 40mm 线，进行锯削，注意保持锯缝平直，留 2mm 不锯削。

四、质量检验

加工完成后填写表 1－12。

表 1－12　凹凸件锉配加工考核表

序号	考核内容	配分	评分标准	测量结果	得分	质量原因分析
1	80mm ± 0.04mm	8	超差不得分			
2	52mm ± 0.05mm	8	超差不得分			
3	$20^{0}_{-0.04}$mm（3 处）	24	超差不得分			

续表

序号	考核内容	配分	评分标准	测量结果	得分	质量原因分析
4	$20_{0}^{+0.04}$mm	8	超差不得分			
5	⏥ 0.04	3	超差不得分			
6	⏥ 0.5	3	超差不得分			
7	⌯ 0.1 *A* （2 处）	8	超差不得分			
8	⊥ 0.04 *B* （2 处）	8	超差不得分			
9	⊥ 0.04 *C*	4	超差不得分			
10	表面粗糙度 *Ra*1.6μm （12 处）	6	降一级不得分			
11	安全文明生产	20	违反安全操作和文明生产规程酌情扣 1 ～ 20 分			
分数合计						

任务总结：

钳工实训五　圆弧凹凸件的锉配加工

一、工作任务

完成如图 1－91 所示的圆弧凹凸件的加工制作。

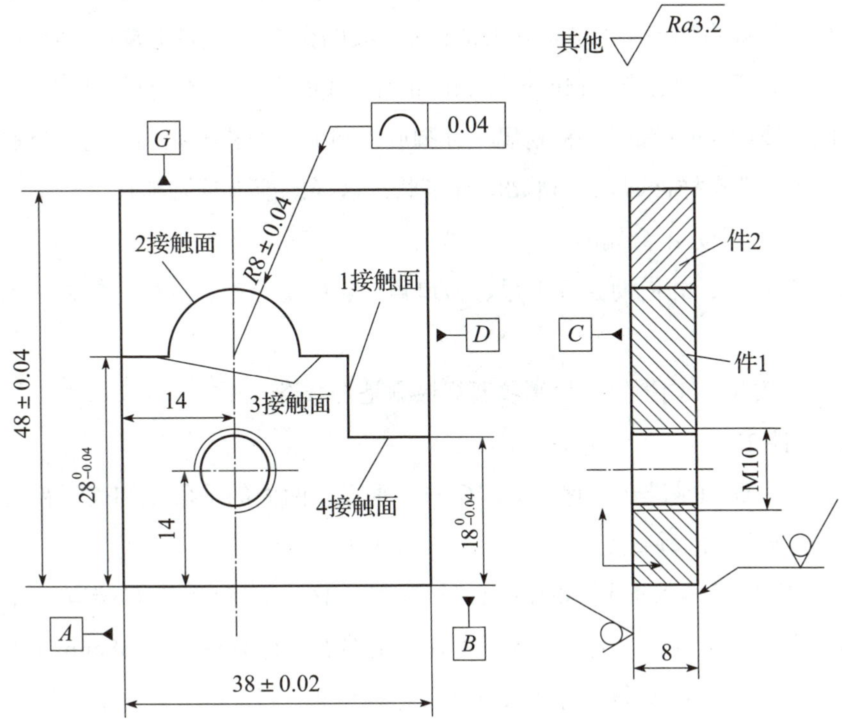

图 1－91　圆弧凹凸件

二、工作准备

（1）材料：Q235，尺寸 40mm×40mm×8mm，数量 2 块。

（2）设备：钳工台案、台虎钳、划线平台、方箱、台式钻床等。

（3）工具：300mm 平锉、200mm 平锉、300mm 圆锉、150mm 半圆锉、锤子、样冲、锯弓、锯条、ϕ8.5mm 麻花钻头、M10 丝锥、铰杠、划规、毛刷、油壶等。

（4）量具：游标卡尺、刀口角尺、M10 螺纹塞规、7～14.5mm 半径规、高度尺等。

三、任务实施

（1）制作件 1。

1）锉削 *A*、*B* 两基准边，使 *A*、*B* 两面垂直，*A*、*B* 两面分别与 *C* 基准面垂直，并保

证 *A*、*B* 两面的垂直度和表面粗糙度。

2）以 *A* 基准面为基准划 6mm（圆弧左端距工件左端尺寸，计算得来）、14mm（圆心及钻孔中心距左端尺寸）、22mm（圆弧左端距工件右端尺寸，计算得来）、28mm、38mm 加工线；以 *B* 基准面为基准划 14mm、18mm、28mm、36mm（圆弧上端距工件下端尺寸，计算得来）加工线。

3）在圆弧中心位置（14mm 与 28mm 加工线的交点）、圆弧左端点（6mm 与 28mm 加工线的交点）、圆弧右端点（22mm 与 28mm 加工线的交点）、圆弧上端点（14mm 与 36mm 加工线的交点）、螺纹中心点（14mm 与 14mm 加工线的交点）位置打样冲眼。

4）用划规划 *R*8mm 圆弧。将划规一针脚放入圆弧中心样冲眼内，另一针脚放入圆弧左、右、上任一端点样冲眼内，划 *R*8mm 半圆，这样既能保证圆弧尺寸合适，又能保证圆弧位置度，圆弧中心不会偏离。

5）锯锉各形面，并借助游标卡尺、刀口角尺、R 规等量具测量，使之达到图样尺寸要求。

6）钻孔、攻 M10 内螺纹，用螺纹塞规检测是否合格。

（2）制作件 2。

1）锉削 *D*、*G* 两基准边，保证 *D*、*G* 两面垂直、两面的平面度和表面粗糙度，以及两面分别与基准面 *C* 的垂直度。

2）以 *D* 基准面为基准划 10mm（计算得来）、16mm（圆弧最右端点，计算得来）、24mm（圆弧中心，计算得来）、32mm（圆弧最左端点，计算得来）、38mm 加工线；以 *G* 基准面为基准划 30mm（计算得来）、20mm（计算得来）、12mm（圆弧最上端点，计算得来）加工线。

3）在圆弧中心、最左端点、最右端点、最上端点 4 处打样冲眼，再用划规划 *R*8mm 圆弧，方法同制作件 1 时划圆弧的方法一样。

4）按划线位置，锯、锉、测量各部分，直至尺寸合格。

（3）件 2 与件 1 锉配。

1）锉配件 1、件 2 第一接触面，保证配合后的尺寸为 38mm ± 0.02mm。

2）保持两个工件的第一接触面接触，件 2 由上向下移动，配合件 1。向下移动的过程中，第二接触面先接触，此时锉修件 2 的内圆弧面，使其与件 1 配合的间隙逐渐减小。

3）件 2 由上向下配合件 1 的过程中，圆弧间隙减小的同时，第三接触面和第四接触面间隙随之减小，此时第三接触面和第四接触面若有障碍，需修正件 2 上两个接触面上的凸起部分，使接触间隙逐渐减小，最终达到合格的配合尺寸 48mm ± 0.04mm。

（4）工件棱边去毛刺，完成工件制作。

四、质量检验

加工完成后填写表 1－13。

表 1－13　圆弧凹凸件的锉配加工考核表

序号	考核内容	配分	评分标准	测量结果	得分	质量原因分析
1	38mm ± 0.02mm	12	每超差 0.01mm 扣 4 分，超差 0.03mm 以上不得分			
2	$28^{0}_{-0.03}$mm	8	超差不得分			
3	$18^{0}_{-0.03}$mm	10	每超差 0.01mm 扣 4 分，超差 0.03mm 以上不得分			
4	$28^{0}_{-0.05}$mm	10	每超差 0.01mm 扣 4 分，超差 0.03mm 以上不得分			
5	*R*8mm ± 0.03mm	5	每超差 0.01mm 扣 2 分，超差 0.03mm 以上不得分			
6		4	超差不得分			
7	*Ra* ≤ 3.2μm（8 处）	8	超差 1 处扣 1 分			
8	M10	5	不符合要求不得分			
9	*Ra* ≤ 3.2μm	2	超差不得分			
10	14mm（2 处，按 IT14 要求）	4	超差不得分			
11	间隙≤ 0.08mm（4 处）	16	每超差 0.01mm 扣 2 分，超差 0.02mm 以上不得分			
12	间隙≤ 0.1mm	4	每超差 0.01mm 扣 2 分，超差 0.02mm 以上不得分			
13	两侧错位量≤ 0.06mm	4	一侧每超差 0.02mm 扣 2 分，超差 0.04mm 以上不得分			
14	48mm ± 0.03mm	8	每超差 0.01mm 扣 2 分，超差 0.04mm 以上不得分			

续表

序号	考核内容	配分	评分标准	测量结果	得分	质量原因分析
15	安全文明生产		每违反一项规定从总分中扣 2 分；发生重大事故者取消考试资格			
16	考件局部无缺陷		酌情扣 1 ～ 5 分，严重者扣 30 分			
分数合计						

任务总结：

钳工实训六 鸭嘴锤的制作

一、工作任务

完成如图 1－92 所示的鸭嘴锤的加工制作。

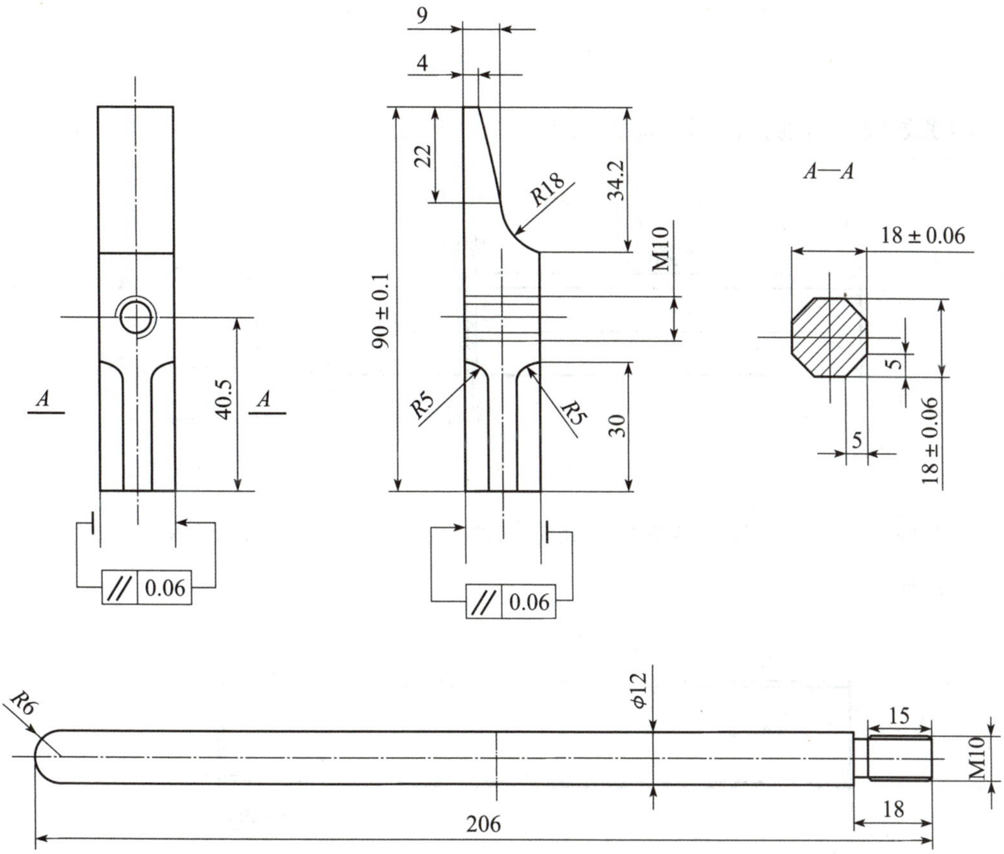

图 1－92 鸭嘴锤

二、工作准备

（1）材料：Q235，尺寸 20mm×20mm×125mm，数量 1 块；Q235，尺寸 ϕ12mm×210mm，数量 1 根。

（2）设备：钳工台案、台虎钳、划线平台、方箱、台式钻床等。

（3）工具：300mm 平锉、200mm 平锉、300mm 圆锉、200mm 半圆锉、锤子、样冲、锯弓、锯条、ϕ8.5mm 麻花钻头、M10 丝锥、铰杠、毛刷、油壶等。

（4）量具：游标卡尺、刀口角尺、M10 螺纹塞规、15～25mm 半径规、高度尺等。

三、任务实施

（1）参考图 1－93 所示的尺寸准备材料。

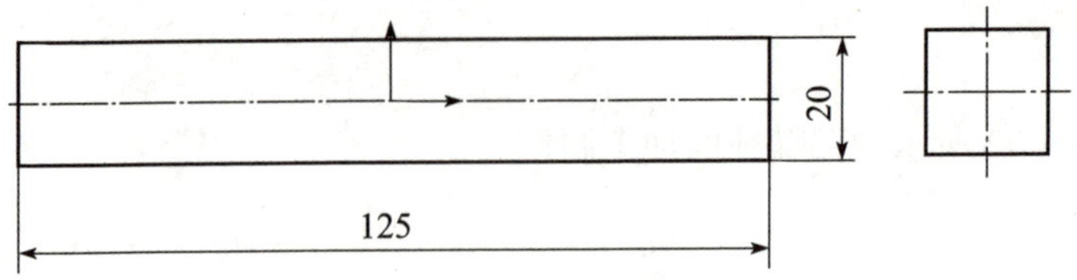

图 1－93　准备材料

（2）划线、锯削、锉削，加工上下底面，将方钢料加工成以下尺寸，如图 1－94 所示。

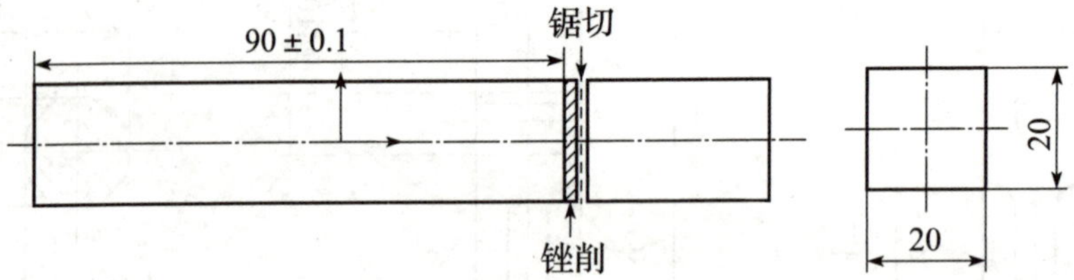

图 1－94　加工上下底面

（3）划线、锉削，加工四周面，将方钢料加工成 18mm × 18mm × 90mm 的方块，如图 1－95 所示。

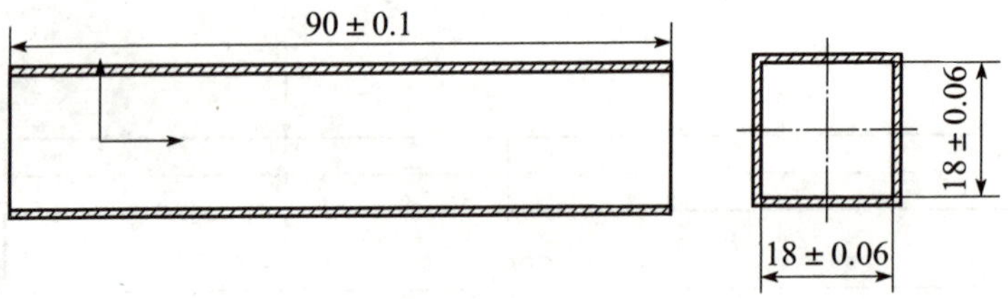

图 1－95　将方钢料加工成方块

（4）划线、锉削，制作锤子八棱部分，将方钢料加工成如图 1－96 所示的零件。

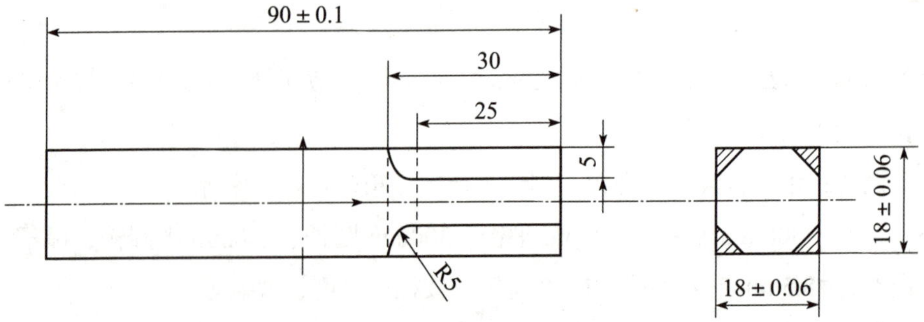

图 1－96　制作锤子八棱部分

（5）划线、锯削、锉削，制作锤头的鸭嘴部分，完成如图 1－97 所示的加工操作。

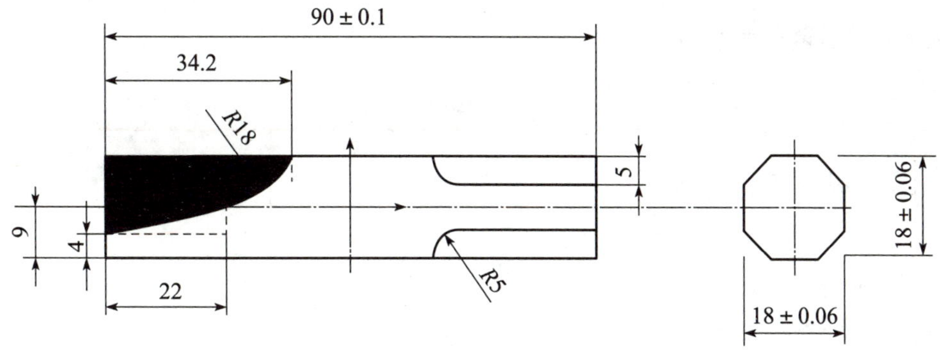

图 1－97　制作锤头的鸭嘴部分

（6）划线、打样冲眼、钻孔、攻螺纹，完成锤头加工，如图 1－98 所示。

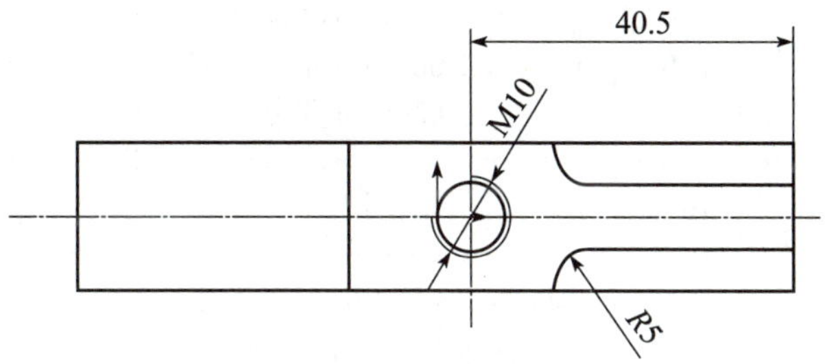

图 1－98　完成锤头加工

（7）利用车床车削锤柄，套螺纹端，倒角、切槽，利用板牙手工套螺纹，完成锤柄加工，如图 1－99 所示。

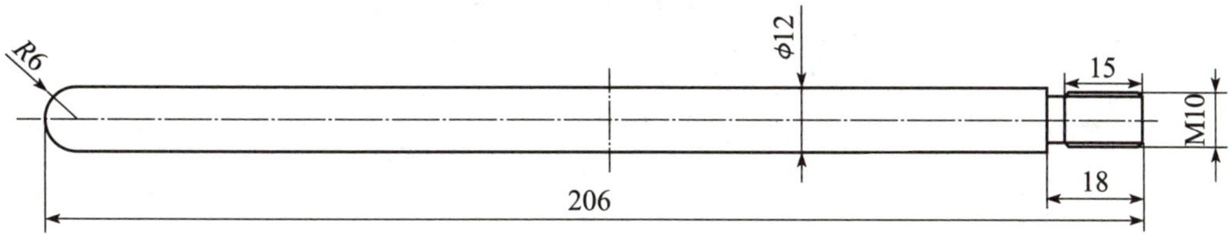

图 1－99　完成锤柄加工

（8）将锤头和锤柄装配在一起，完成的作品如图 1－100 所示。

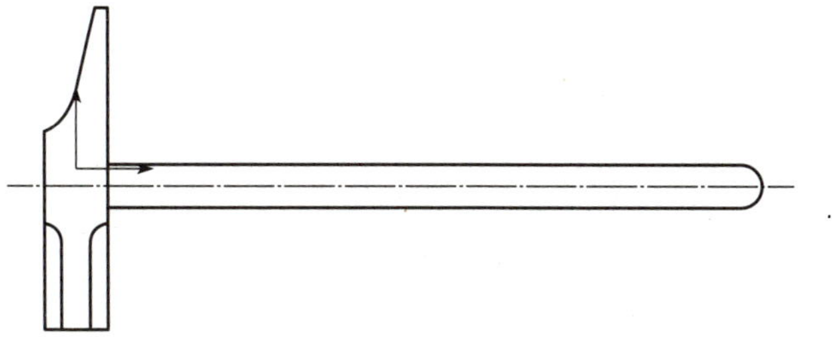

图 1－100　锤头和锤柄装配在一起

四、质量检验

加工完成后填写表 1－14。

表 1－14 鸭嘴锤加工考核表

序号	考核内容	配分	评分标准	检测结果	得分	质量原因分析
1	18mm ± 0.06mm（2 处）	20	每处 4 分，误差在 0.1 ～ 0.15mm 扣 2 分，误差超过 0.15mm 不得分			
2	90mm ± 0.1mm	10	误差在 0.5 ～ 0.6mm 扣 2 分，误差超过 0.6mm 不得分			
3	平行度 0.06mm（2 处）	20	每处 3 分，误差在 0.1 ～ 0.2mm 扣 2 分，误差超过 0.2mm 不得分			
4	M10	10 分	酌情扣分			
5	攻螺纹垂直度 0.5mm	10 分	误差在 0.5 ～ 1.0mm 扣 2 分，误差超过 1.0mm 不得分			
6	套螺纹垂直度 0.5mm	10 分	误差在 0.5 ～ 1.0mm 扣 2 分，误差超过 1.0mm 不得分			
7	安全文明生产	20	违反安全操作和文明生产规程酌情扣 1 ～ 20 分。			
分数合计						

任务总结：

模块二

2

车工技能

单元一　车削工艺

任务一　车削基础知识

理论学习工单一
训练任务：学习车床相关理论知识 请结合本任务所学回答以下问题： 1. 卧式车床的加工范围是多少？ 2. 车床各部结构的名称及功能是什么？ 3. 操作车床需要注意哪些安全事项？

一、认识车削加工范围

车削是在车床上利用工件的旋转运动和车刀的直线（或曲线）运动来改变毛坯的尺寸、形状，使之成为合格工件的一种金属切削方法。车削工艺主要用于加工各种回转表面，如内、外圆柱面，圆锥面，成形回转表面及端面等，此外，车床还能加工螺纹面。若使用孔加工刀具（如钻头、铰刀等），则可加工内圆表面，其加工范围如图 2－1 所示。

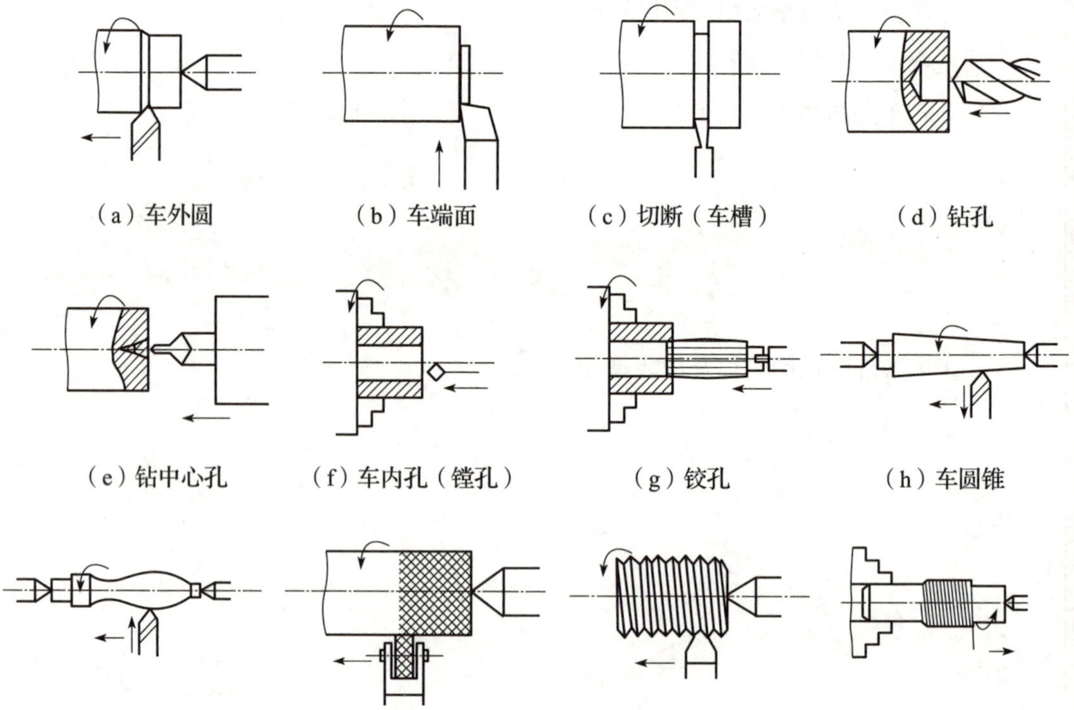

（a）车外圆　（b）车端面　（c）切断（车槽）　（d）钻孔

（e）钻中心孔　（f）车内孔（镗孔）　（g）铰孔　（h）车圆锥

（i）车成形面　（j）滚花　（k）车螺纹　（l）盘绕弹簧

图 2－1　车床的加工范围

常见的车削加工零件可分为轴类、盘套类等，如图 2－2 所示。

（a）轴类零件　（b）盘套类零件

图 2－2　车削加工零件

二、认识车床

车床的种类很多，按结构及用途可分为卧式车床、立式车床、转塔车床、多刀车床、仿形车床、单轴纵切自动车床、多轴棒料自动车床等，此外，还有曲轴车床、铲齿车床及其他车床。下面以CA6140型普通卧式车床（见图2-3）为例，讲解车床的结构、组成及各部分功能，该车床是一种通用车床，应用广泛。CA6140机床型号含义：C代表车床，A为结构特性代号或生产厂家代号，用于区别C6140型，6代表卧式或组别代号，1代表基本型或型别代号，40表示最大回转直径为400mm的1/10。

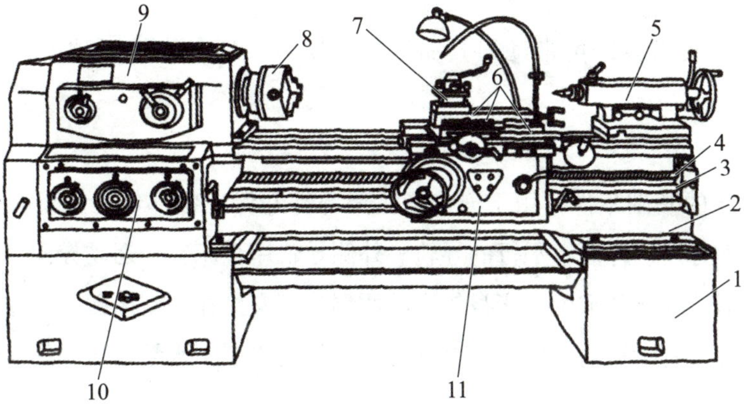

图2-3 CA6140型卧式车床

1—床腿；2—床身；3—光杠；4—丝杠；5—尾座；6—床鞍；7—刀架；
8—卡盘；9—主轴箱；10—进给箱；11—溜板箱

1. 卡盘

卡盘是车床装夹工件的主要夹具之一。常用的卡盘有自定心卡盘和单动卡盘。卡盘安装在主轴前端。

2. 主轴箱

主轴箱安装在床身的左上端，又称床头箱，是变速、变向机构。主轴箱正面有几个手柄，用于调整主轴转速，由电动机带动三角皮带传动，再经变速机构带动主轴旋转，实现主运动，并获得所需转速及转向。

3. 进给箱

进给箱内装有实现进给运动的变速机构。调整进给箱外面各种手柄的位置，可获得各种进给量或螺距，并将运动变换经光杠或丝杠传递到溜板箱。最终通过溜板箱带动刀具实现直线进给运动。

4. 光杠和丝杠

光杠和丝杠的作用是将进给箱运动传递给溜板箱。车外圆、车端面等自动进给时，通过光杠传动使刀具做进给运动。丝杠转动则用于车削螺纹。

5. 溜板箱

溜板箱内装有进给运动的分向机构，其作用是将进给箱传来的运动传递给刀架。溜板箱可将光杠传来的旋转运动变为车刀的纵向或横向的直线移动；可将丝杠传来的旋转运动通过“开合螺母”直接变为车刀的纵向移动，用于车削螺纹。溜板箱上装有手柄和按钮，可以方便地操作机床。

6. 床鞍

床鞍位于床身中部，其上装有大拖板、中拖板、小拖板和刀架。

7. 刀架

刀架用于装夹刀具，可带动刀具做纵向、横向或斜向进给运动，刀架安装在小拖板上。

8. 床身

床身是车床的基础零件，用于连接各主要部件并保证各部件之间具有正确的相对位置。床身的上面有内、外两组平行的导轨。外侧导轨用于床鞍的运动导向和定位，内侧导轨用于尾座的运动导向和定位。床身的左右两端分别支撑在左右床腿上，左床腿内安放润滑油箱和电动机，右床腿内安放一个电动机和切削液水泵，水泵可将切削液经喷头喷淋在工件和刀具上。

9. 尾座

尾座安装在床身的尾座导轨上，其上的套筒可安装顶尖或各种孔加工刀具，用于支承工件或对工件进行孔加工。转动尾座后侧的手轮可使套筒移动，以实现刀具的纵向进给，尾座可沿床身顶面的一组导轨做纵向调整移动，然后夹紧在所需的位置上，以适应不同长度工件的需要。

三、安全文明生产知识

安全为了生产，生产必须安全。车床实习前必须牢固树立安全意识、掌握安全知识，这样才能杜绝安全隐患，避免人身事故，确保安全生产。

1. 做好自身防护

（1）工作前应穿戴好防护用品，扎好袖口，不准戴围巾、手套，不准穿拖鞋和凉鞋。

（2）女工应戴工作帽，头发或辫子应塞入帽内。

（3）戴防护眼镜，注意头部与工件保持安全距离，不能靠得太近。

2. 遵守车床安全操作规程

（1）开车前，应检查车床各部分机构是否完好，各传动手柄、变速手柄位置是否正确，以防开车时因突然撞击而损坏机床。启动后，应使主轴低速空转 1～2min，使润滑油散布到各需要之处（冬天更为重要），等车床运转正常后才能工作。

（2）装夹工件和车刀要在停机状态下进行。工件和车刀必须安装牢靠，防止飞出伤人。装刀时刀头伸出部分不要超出刀体高度的 1.5 倍，刀体下垫片的形状尺寸应与刀体的形状尺寸相符，尽可能少而平。工件装夹好之后，卡盘扳手必须随手取下。

（3）工作中需要变速时，必须先停车。变换进给箱手柄位置要在低速时进行。使用电器开关的车床不准通过正、反车作紧急停车，以免打坏齿轮。

（4）不允许在卡盘上及床身导轨上敲击或校直工件，床面上不准放置工具或工件。

（5）装夹较重的工件时，应该用木板保护床面，下班时如工件不卸下，应用千斤顶支承。

（6）车刀磨损后要及时刃磨，用磨钝的车刀继续切削会增加车床负荷，甚至损坏车床。

（7）使用冷却液时，要在车床导轨上涂上润滑油。冷却泵中的冷却液应定期调换。

（8）下班前，应清除车床上及车床周围的切屑及冷却液，擦净后按规定在加油部位加上润滑油。

（9）下班后，将大拖板摇至床尾一端，各转动手柄放到空挡位置，关闭电源。

3. 养成文明生产的习惯

文明生产是生产管理的一项十分重要的内容，直接影响产品质量；影响设备和工、夹、量具的使用寿命；影响操作工人技能的发挥。所以在整个学习过程中，要注意养成文明生产的好习惯，具体如下：

（1）合理布置工作位置，合理放置图样及工、夹、量具。工作中要用到的工、夹、量具及工件应尽可能靠近或集中在操作者的周围。布置物件时，右手拿的放在右边，左手拿的放在左边；常用的放得近些，不常用的放得远些。物件放置应有固定的位置，使用后要放回原处。

（2）工具箱的布置要分类，并保持清洁、整齐。要求小心使用的物品应放置稳妥，重的物品放下面，轻的物品放上面。

（3）图样、操作卡片应放在便于阅读的部位，并注意保持清洁和完整。

（4）毛坯、半成品和成品应分开，并按次序整齐排列，以便安放和拿取。

（5）工作位置周围应经常保持清洁、整齐。

（6）爱护量具，用后擦净、涂油，放入盒内并及时归还工具室。

（7）车床日常维护的内容主要包括清洗和润滑。每天下班后应清洗车床上的切屑、切削液及杂物，清理干净后加注润滑油。

任务二　认识车削设备

理论学习工单二
训练任务：学习车削相关理论知识 请结合本任务所学回答以下问题： 1. 车刀的几何角度有哪几种？   2. 不同角度的车刀对切削有何影响？   3. 简述车刀的分类方法及种类。   4. 常用刀具材料有哪些？

一、车刀的组成及结构

车刀由刀头和刀柄组成，如图 2－4 所示。刀头用于切削，故又称为切削部分，刀柄的作用是使车刀被夹固在刀架或刀座上。车刀可用高速钢制成，也可在碳素结构钢的刀柄上焊上硬质合金刀片。

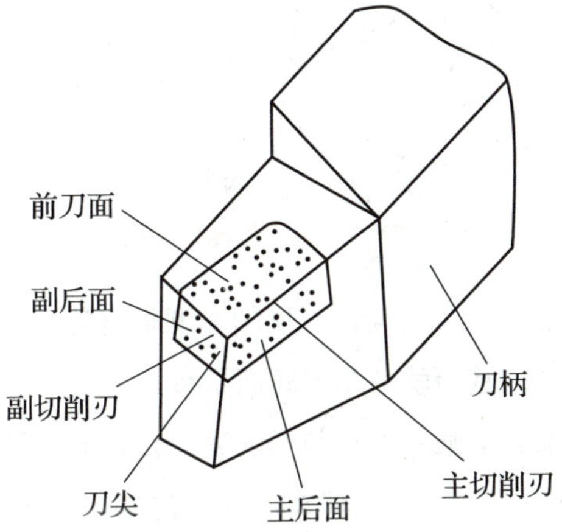

图 2－4　车刀的组成

车刀的切削部分一般由三面、两刃和刀尖组成。

1. 三面

（1）前刀面：切削时，切屑沿着流出的表面。

（2）主后刀面：切削时，刀具上与工件待加工表面相对的表面，也称为后刀面。

（3）副后刀面：切削时，刀具上与工件已加工表面相对的表面。

2. 两刃

（1）主切削刃：前刀面与主后刀面的交线，主切削刃担负着主要的切削工作。

（2）副切削刃：前刀面与副后刀面的交线，副切削刃也参加切削工作。

3. 刀尖

主切削刃和副切削刃相交的部分称为刀尖，通常制成一小段过渡圆弧，有时制成一小段直线过渡刃。

二、车刀的几何角度

1. 车刀的辅助平面

为了确定车刀的角度，需要建立辅助平面，车刀的辅助平面为基面、切削平面、正交平面与副正交平面，如图 2－5 所示。

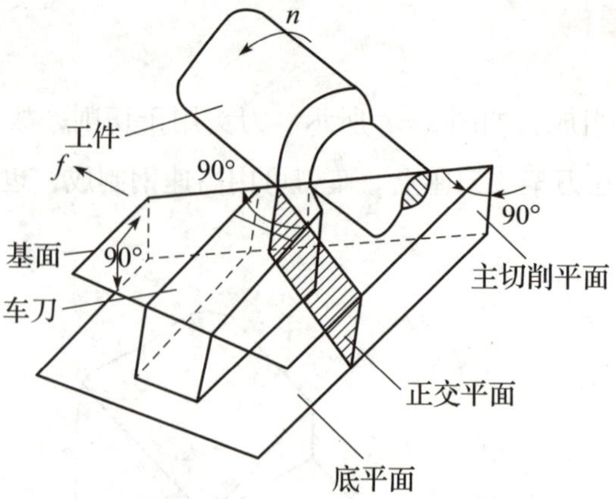

图 2-5　车刀的辅助平面

基面是通过主切削刃上某一点且与该点切削速度垂直的平面。就车削而言，如果车刀主切削刃与工件中心线等高，基面就与车刀底面平行。

切削平面是通过主切削刃上某一点且与切削表面相切的平面，它与基面垂直。

正交平面是通过主切削刃上某一点且与主切削刃在基面上的投影垂直的平面。

副正交平面是通过副切削刃上某一点且垂直于基面和切削平面的平面。

在 4 个辅助平面上，车刀可以形成 6 个角度。

2. 车刀的几何角度和作用

车刀的几何角度分为工作角度和标注角度。工作角度是刀具在工作状态的角度，它的大小与刀具的安装位置及切削运动有关。标注角度一般是在 3 个互相垂直的坐标平面内确定的，它是刀具制造、刃磨和测量所要控制的角度。

如图 2-6 所示，基面上有主偏角 k_r 和副偏角 k_r'，正交平面上有前角 γ_0 和后角 α_0，副正交平面上有副后角 α_0'，切削平面上有刃倾角 λ_s。

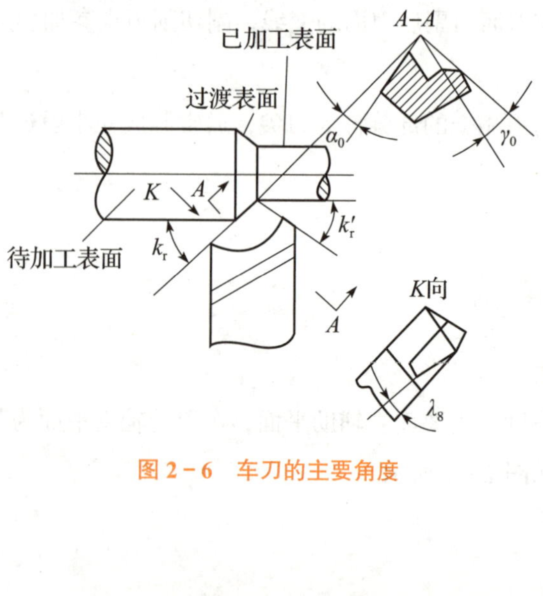

图 2-6　车刀的主要角度

（1）前角 γ_0。

前角是在正交平面中测量的前刀面与基面的夹角。前刀面与基面平行时，$\gamma_0=0$；前刀面与切削平面之间的夹角小于 90° 时，$\gamma_0>0$；前刀面与切削平面之间的夹角大于 90° 时，$\gamma_0<0$。前角越大，刀具越锋利，但刀具强度越差。当工件材料较硬时，γ_0 取较小值；粗、精加工铜、铝及合金时，γ_0 取较大值：加工一般强度的钢时，γ_0 取较大值。

（2）后角 α_0。

后角是在正交平面中测量的后刀面与切削平面的夹角。后刀面与切削平面重合时，$\alpha_0=0$；后刀面与基面之间的夹角小于 90° 时，$\alpha_0>0$；前刀面与基面之间的夹角大于 90° 时，$\alpha_0<0$。后角越大，刀具与工件之间的摩擦就越小，但刀具强度也越差。粗加工时应选较小的后角，$\alpha_0=6°\sim8°$；精加工时应选较大的后角，$\alpha_0=8°\sim12°$。

（3）副后角 α_0'。

副后角是在副正交平面中测量的副后刀面与副切削平面的夹角。副后角影响刀面与已加工表面之间的摩擦和刀具强度。

（4）刃倾角 λ_s。

刃倾角是在切削平面内测量的主切削刃与基面之间的夹角，它主要影响切屑的流向和刀头的强度。刃倾角为正值时（刀尖位置最高），切屑向远离加工表面的方向流动；刃倾角为负值时，切屑向加工表面的方向流动，受到该表面的阻碍而形成发条状切屑。刃倾角对排屑方向的影响如图 2－7 所示。

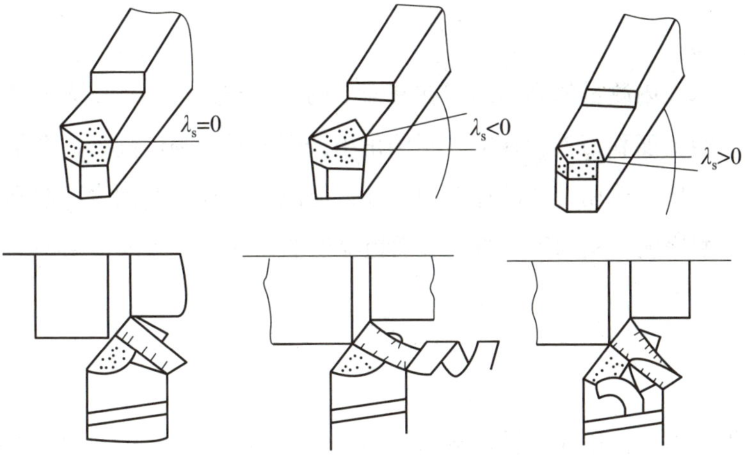

图 2－7　刃倾角对排屑方向的影响

（5）主偏角 k_r。

主偏角是在基面内测量的主切削刃在基面上的投影与进给运动方向的夹角。主偏角的大小对切削有以下影响：影响刀具的强度与寿命；影响加工表面粗糙度；影响切削力的分配；影响断屑效果。主偏角一般为正值，由车刀类型决定，常用的有 45°、60°、75° 与 90° 等。主偏角对切削宽度和厚度的影响如图 2－8 所示，主偏角对背向力的影响如图 2－9 所示。

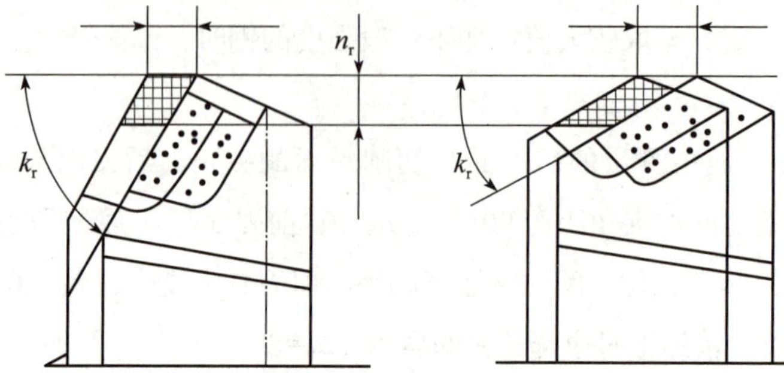

图 2－8　主偏角对切削宽度和厚度的影响

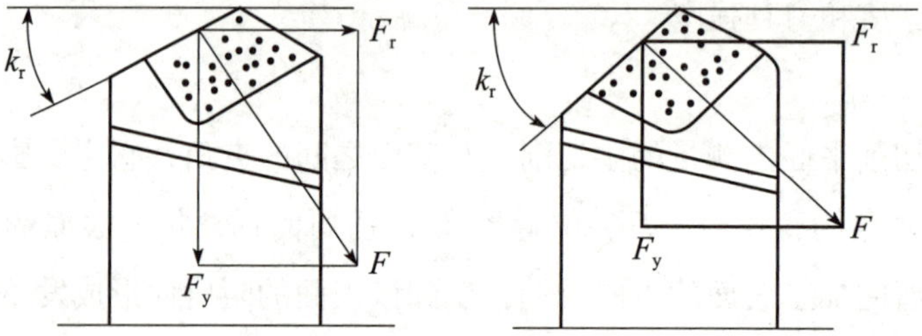

图 2－9　主偏角对径向力的影响

（6）副偏角 k_r'。

副偏角是在基面内测量的副切削刃在基面上的投影与进给运动反方向的夹角，它主要影响加工表面的粗糙度和刀具的强度。副偏角小，则刀具的强度高，但会增加副后面与已加工表面之间的摩擦。选用合适的过渡刃尺寸，能改善上述不利因素，起到粗加工时提高刀具强度和刀具耐用度、精加工时减小表面粗糙度的作用，一般选 k_r'=5° ～ 15°。

三、了解车刀的分类

车刀的种类很多，按用途不同可分为外圆车刀、端面车刀、镗孔刀、切断刀、螺纹车刀和成型车刀等；按形状不同可分为直头刀、弯头刀、尖刀、圆弧车刀、左偏刀和右偏刀等。常用车刀的形式与用途如图 2－10 所示。

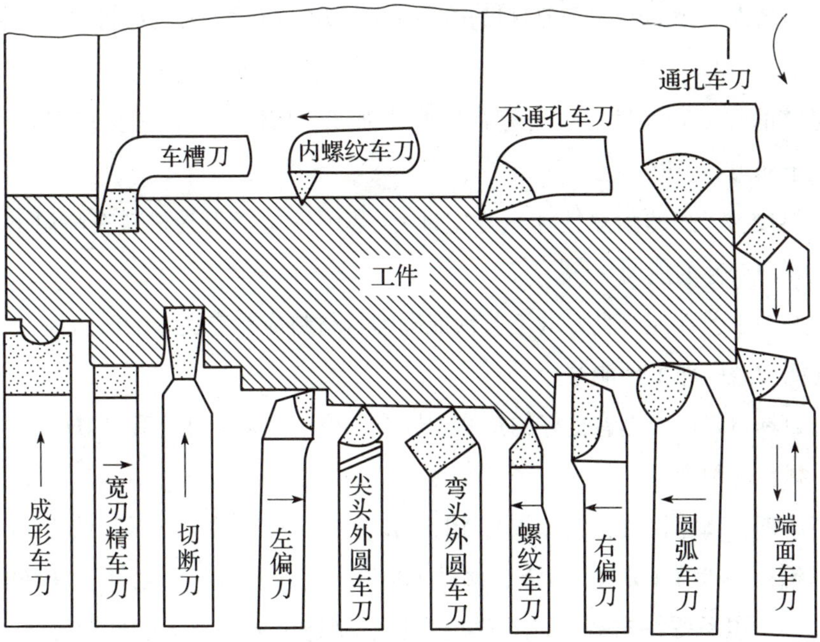

图 2－10　常用车刀的形式与用途

按结构不同又可分为整体式、焊接式、机夹式和可转位式车刀，如图 2－11 所示。

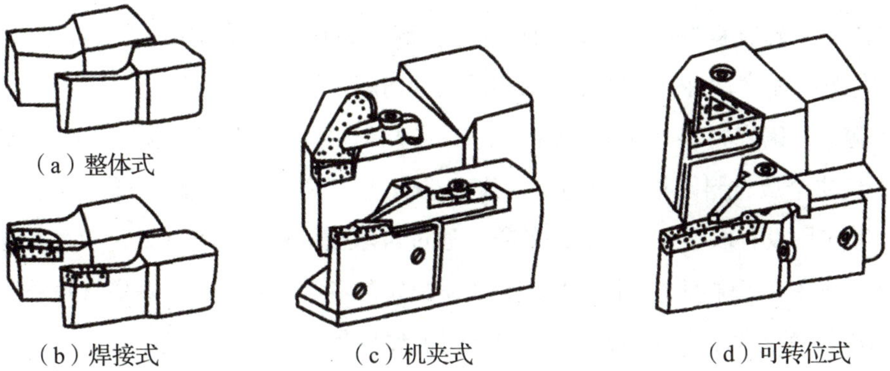

图 2－11　车刀的结构类型

四、刀具材料

在切削过程中，刀具切削部分在具有强烈摩擦、高压和高温的恶劣条件下工作，同时还要承受冲击和振动，因此刀具切削部分的材料应具备良好的基本性能。

1. 刀具材料应具备的性能

（1）高硬度。刀具材料的硬度必须高于工件材料的硬度。刀具材料的常温硬度一般要求在 60HRC 以上。

（2）高耐磨性。耐磨性表示刀具抵抗磨损的能力。通常，刀具材料的硬度越高，耐磨性就越好。

（3）足够的强度和韧性。刀具应有足够的强度和韧性，以便承受切削力、冲击和振动，而不至于崩刃和折断。

（4）高热硬性（高的耐热性和热稳定性）。热硬性是指刀具材料在高温下保持硬度、耐磨性、强度和韧性的能力。

（5）良好的工艺性能。良好的工艺性能即刀具材料应具有良好的锻造性能、热处理性能、焊接性能和磨削加工性能等。

此外，刀具材料还应具有良好的热物理性能、稳定的化学性能和良好的工艺性能。

2. 刀具材料的种类

（1）高速钢。高速钢是含钨（W）、钼（Mo）、铬（Cr）、钒（V）和钴（Co）等元素的高合金工具钢，硬度在 60HRC 以上，耐热 600℃。它具有较好的韧性、良好的抗弯强度和冲击韧度，可以承受冲击载荷，化学稳定性、制造工艺性及刃磨性较好，刀具刃口锋利，切削性能好，适用于制作各种刀具特别是形状复杂的刀具。

（2）硬质合金。硬质合金是采用高硬度的金属碳化物（WC、TiC、NbC 等）与金属粘结剂（Co、Ni）通过粉末冶金的方法制造的烧结体。它具有较高的硬度（可达 89 ～ 94HRA），具有良好的耐磨性和耐热性，耐热 800℃～ 1000℃，质脆。由于其硬度高、热硬性好、耐磨性好，因此允许采用较大的切削用量。

（3）陶瓷。陶瓷材料是在氧化铝（Al_2O_3）基体内加入金属氧化物、碳化物或氮化物形成的无机非金属材料。早期的陶瓷刀片由于脆性、不均匀性和强度低，且经常使用不当，因此其应用没有取得令人满意的效果。通过对陶瓷材料的粒子细微化和高密度化等方面的改进，现在有了强度高、材质均匀、质量稳定的各类陶瓷刀片。陶瓷材料的硬度高达 91 ～ 95HRA，耐磨性好，在 1200℃高温下仍能保持良好的切削性能，并且具有良好的化学稳定性、较低的摩擦系数、较强的抗粘结磨损与抗扩散磨损能力。这种材料的主要缺点是抗弯强度低、耐冲击性能差，因此目前主要用于高速精车、精铣与半精车、半精铣等，部分韧性较高的陶瓷刀具材料也可用于粗车或粗铣。

（4）立方氮化硼。立方氮化硼（CBN）是 20 世纪 70 年代出现的超硬刀具材料，是氮化硼（BN）的同素异形体，其结晶结构与金刚石相似，在分子结构构成上主要有单晶体和聚晶体两大类。单晶体主要用于制造砂轮，聚晶体主要用于制造切削刀具，可制成圆形、方形、三角形等多种形状的无孔刀片。立方氮化硼具良好的耐热性，能够在 1300℃的高温下保持硬度，因此具有良好的耐磨性，可高速切削高温合金。其切削速度比硬质合金高 4 ～ 6 倍。另外，它还具有良好的化学稳定性，在 1200℃～ 1300℃高温下也不与铁族金属起化学反应，表现出良好的抗氧化和抗化学侵蚀性能。

（5）金刚石。金刚石刀具材料有天然单晶金刚石与人造聚晶金刚石（PCD）两种。天然单晶金刚石是目前最硬的物质，具有极好的耐磨性，可切削极硬的材料而长时间保持尺寸稳定；刀具的刃口极为锋利，具有很小的摩擦系数，加工表面粗糙度可达纳米级，适用于超精加工。但是，其抗弯曲强度较低，韧性很差，不能承受较大的切削力和振动、冲击，热稳定性不好，当切削温度达到 700℃～800℃时，就会失去硬度。另外，它具有较强的与铁族元素的亲和力，所以一般不适用于加工钢铁。单晶金刚石刀具主要用于有色金属及合金的超精密加工和非金属材料（如酚醛塑料）的加工。人造聚晶金刚石是在高温高压下由一层人造金刚石微粉加溶剂和催化剂聚合而成的多晶体材料，一般以硬质合金为基体结合成整体刀片。聚晶金刚石层的厚度为 0.5mm 左右，可用电火花线切割的方式切成不同形状、角度和尺寸的刀片。聚晶金刚石的硬度比天然金刚石低，但其金刚石微粒是无规则排列的，无方向性，再加上硬质合金基体的支承，抗弯强度比天然金刚石强，具有良好的抗冲击和抗振性能。聚晶金刚石刀片与硬质合金相比，其硬度、耐磨性和寿命更高，刀刃锋利，加工精度稳定，生产效率高，适用于有色金属和非金属材料的高速、高精度加工，特别适合加工高硅铝合金和碳纤复合材料等。

（6）金属陶瓷。金属陶瓷（Cermet）是以碳化钛（TiC）、氮化钛（TiN）以及碳氮化钛（TiCN）为基体，以镍（Ni）为粘结剂，加入少量其他材料（如 Cr、Mo 和 W 等）构成的复合材料，其性质介于硬质合金和陶瓷之间。它的硬度和红硬性高于硬质合金，低于陶瓷；抗弯强度高于陶瓷，低于硬质合金。特别是金属陶瓷的化学稳定性很好，具有良好的抗氧化性和抗月牙洼磨损的性能，在高温下具有较高的抗与钢化学反应的能力，所以能够得到优良的加工表面粗糙度。金属陶瓷制造工艺性较好，相对于陶瓷刀具来说，可以在刀片上方便地压出断屑槽，用于控制切屑的流动和进行断屑。金属陶瓷刀具具有较长的寿命。

（7）涂层硬质合金。由于硬质合金材料是粉末冶金材料，虽然相对于高速钢具有高硬度、高耐磨性及良好的热硬性等特点，但是高速大功率切削时，容易产生粘结磨损，耐热冲击性能不好，容易崩刃。而高速钢材料虽然具有韧性好、工艺性好、刀刃锋利的特点，但是其热硬性、耐磨性欠佳等因素使之在实际应用中受到较大的限制。涂层刀具材料就是为了提高刀具（刀片）的表面硬度并改善其耐磨性、润滑性，通过化学气相沉积（CVD）、物理气相沉积（PVD）或者物理—化学气相沉积（P-CVD）技术在硬质合金或高速钢的基体上（涂层硬质合金刀具材料应用最为广泛），涂上一层或多层极薄的硬度高、耐磨性好、抗氧化、耐腐蚀、抗粘结的金属化合物材料所构成的新型刀具材料。

任务三　认识车削加工

理论学习工单三

训练任务：学习车削相关理论知识

请结合本任务所学回答以下问题：

1. 简述车床的切削运动构成。

2. 车削三要素的含义是什么？

3. 简述切削用量的选择方法。

一、车床的切削运动

切削加工是利用切削刀具或工具从毛坯上切除多余材料，获得符合图样要求的零件的加工方法。机器设备中的绝大多数零件都是经过切削加工获得的。无论在哪种机床上进行切削加工，刀具与工件之间都必须有适当的相对运动，即切削运动。根据刀具在切削过程中所起的作用不同，切削运动分为主运动和进给运动，如图 2－12 所示。

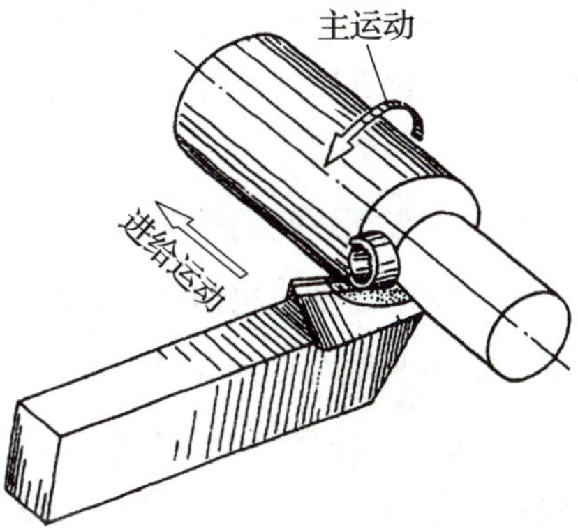

图 2－12　切削运动

1. 主运动

主运动是指机床的主要运动，它消耗机床的主要动力，通常主运动的速度较高。车削时，工件的旋转运动是主运动。在车削加工过程中，主轴的旋转即为主运动。

2. 进给运动

进给运动是指使工件的多余材料不断被去除的切削运动。在车削加工过程中，车刀的移动即为进给运动。

二、车削三要素

在切削加工中，人们通常希望获得短加工时间、长刀具寿命和高加工精度。因此，必须充分考虑工件材料的材质、硬度、形状及机床的性能，选择合适的刀具并使用合理的切削条件，即通常所说的三要素。

1. 切削速度（V_c）

工件在车床上旋转，其每分钟的转数定义为主轴转速（n）。由于工件旋转，在其直径的切削点处产生切削速度称为线速度，单位为米 / 分钟（m/min）。通常用线速度来考量切削速度对加工的影响。切削速度对刀具寿命的影响非常大。提高切削速度，切削温度就会上升，导致刀具寿命大大缩短。加工不同种类、硬度的工件时，对切削速度有不同的设置。

（1）通常，切削速度提高 20%，刀具耐用度降低 1/2；切削速度提高 50%，刀具耐用度将降至原来的 1/5。

（2）低速（20 ～ 40m/min）切削易产生振动，使刀具寿命缩短。

2. 进给量（f_n）

进给量是指工件每旋转一周，刀具的移动量，单位为毫米 / 转（mm/r）。进给量是决定被加工表面质量的关键因素，同时也影响加工时切屑形成的范围和切屑的厚度。在对刀具寿命的影响方面，进给量过小，后刀面磨损大，刀具寿命大幅降低；进给量过大，切削温度升高，后刀面磨损也会增大，但较之切削速度对刀具寿命的影响要小。

3. 切削深度（a_p）

切削深度指未加工表面与已加工表面之间的差值，单位为毫米（mm）。它是工件未加工直径与已加工直径差值的一半。切削深度应根据工件的加工余量、形状、机床功率、刚性及刀具的刚性来确定。切削深度的变化对刀具寿命影响不大，但切削深度过小时，会造成刮擦，即只切削工件表面的硬化层，会缩短刀具寿命。当工件表面具有硬化的氧化层时，应在机床功率允许范围内选择尽可能大的切削深度，以避免刀尖只切削工件的表面硬化层，造成刀尖的异常磨损甚至破损。

三、切削用量的选择方法

1. 背吃刀量 a_p 的选择方法

通常，先选定背吃刀量，背吃刀量一般是根据加工性质和加工余量来确定的。此外，还要考虑到刀具材料、工件材料、机床和加工工序等因素，对加工余量做出最合理的分配。增加背吃刀量，生产效率会成正比提高；另外，背吃刀量对刀具寿命的影响是最小的，刀具寿命一定时，增加背吃刀量比增加进给量对提高生产效率更有利。所以，粗加工时尽量设置较大的背吃刀量，以减少进给次数，提高生产效率。但是增加背吃刀量又会使切削力增加，特别是在切削余量大的时候，切削力会非常大，因此背吃刀量的增加要在机床功率和系统刚性条件允许的情况下进行。进行精加工或半精加工时，加工余量应取较小的值，以减小切削力和变形，这样才能保障刀具的寿命，进而保证加工质量。但是，加工硬化比较严重的材料时，最小的背吃刀量应超过上道工序产生的硬化层的深度。

背吃刀量一般根据加工性质和加工余量确定。切削加工一般分为粗加工（*Ra*=50 ～ 12.5μm）、半精加工（*Ra*=6.3 ～ 3.2μm）和精加工（*Ra*=1.6 ～ 0.8μm）。

2. 进给量的选择方法

进给量对刀具寿命的影响会比背吃刀量大得多，但比切削速度小。进给量可以根据工件材料的硬度、强度、刀具的材料类别、加工工序等实际情况按经验或查阅手册、产品画册等资料选取。

（1）粗加工时，在对已加工表面的质量要求不高的情况下，切削力会比较大，进给量的选择主要受切削力的限制。可以在刀杆、刀片、工件刚度与机床进给结构强度允许的情况下，选取较大的进给量。

（2）精加工和半精加工时，背吃刀量比较小，产生的切削力并不大，这时进给量的选择主要受到加工表面质量的限制。当刀具有合理的过渡刃、修光刃，而且采用较高的切削速度时，进给量可以适当选大一些，以便提高生产效率。

3. 选择切削速度的一般原则

（1）半精加工时，进给量和背吃刀量较大，所以选择较低的切削速度；相反，精加工时选择较高的切削速度。

（2）当工件材料的硬度、强度高时，应选择较低的切削速度。

（3）切削调质状态的钢时，要比切削正火、退火状态的钢降低切削速度 20% ～ 30%；切削合金钢的切削速度要比切削中碳钢低 20% ～ 30%；切削有色金属的切削速度要比切削中碳钢高 100% ～ 300%。

（4）刀具材料的切削性能越好，切削速度也就越高，例如硬质合金刀具的切削速度比高速钢刀具高出几倍。

单元二　车工典型实训

车工实训一　车床的启动和停止练习

实训工单一
每位同学进行 3 ～ 5 次车床启停训练。
对操作方法和注意事项进行总结：

1. 车床启动前检查

车床启动前要检查各手柄（速度挡位正确、离合器处于空挡）的位置是否正确。

2. 启动过程

关闭状态（空开手柄处于向下位置，电源指示灯不亮）→开启主电源（空开手柄推至最上位置，电源指示灯亮）→松开急停开关（顺时针拧动急停开关，弹出）→开启电机（按下电机启动按钮）→按需抬起（正转）或压下（反转）离合器，如图 2 - 13 所示。

车床运转过程中应注意自身防护，站在安全位置操作，保证实习安全。

3. 关闭过程

离合器归位（离合器处于中间位置）→关闭急停开关（按下急停开关）→关闭总电源（空开手柄拉至最下位置，电源指示灯不再亮），如图 2 - 14 所示。

（a）关闭状态

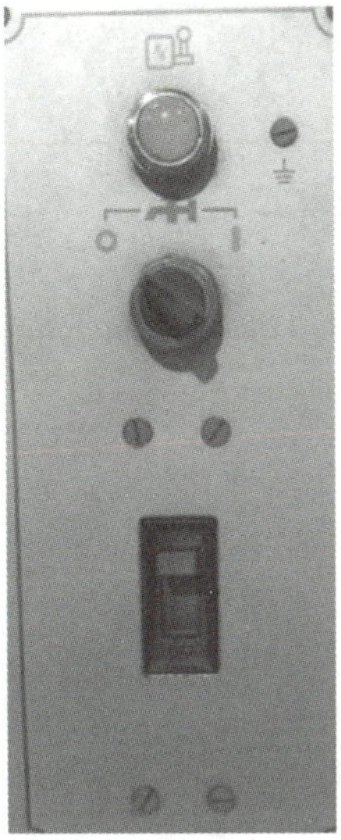

（b）开启总电源

（c）松开急停开关 （d）按电机启动按钮

（e）操纵离合器

（f）主轴运转

图 2－13 车床启动过程

（a）主轴运转

（b）离合回到空位

（c）主轴停止

（d）按下急停开关

（e）关闭总电源

图 2－14 车床关闭过程

注意：车床运转时，如有异常声音必须立即停车并切断电源。

车工实训二　自定心卡盘的三爪的拆装练习

<table>
<tr><td>

实训工单二

两名同学合作进行三爪的拆装训练，记录安装方法。

</td></tr>
<tr><td>

对操作方法和注意事项进行总结：

</td></tr>
</table>

1. 卸下三爪

用卡盘扳手逆时针旋转将三爪卸下，擦洗干净，按顺序排放，如图 2－15 所示。

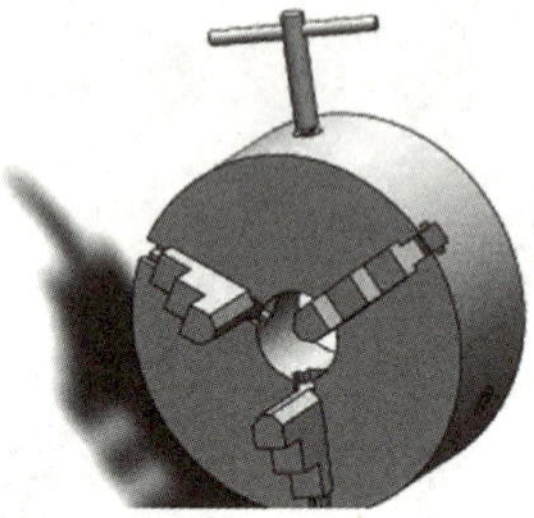

图 2－15　卸下三爪

2. 明确卡盘爪的编号顺序

将三爪依次装上，保证自动定心，操作方法如下：

（1）将卡盘扳手的方榫插入卡盘外壳圆柱面上的方孔中，按顺时针方向旋转，以驱动大锥齿轮背面的平面螺纹，当平面螺纹的端扣转到将要接近壳体上的 1 槽时，将 1 号卡爪插入壳体槽内。

（2）顺时针转动卡盘扳手，用同样的方法在卡盘壳体上的 2、3 槽装入 2、3 号卡爪。

车工实训三　车刀的安装

实训工单三
每位同学独立进行车刀的装拆训练，记录安装方法。
对操作方法和注意事项进行总结：

1. 车刀安装注意事项

（1）刀头不宜伸出太长，否则切削时容易产生振动，影响工件加工精度和表面粗糙度。通常，刀头伸出长度不超过刀杆厚度的两倍，能看见刀尖车削即可。

（2）刀尖应与车床主轴中心线等高，一般使用垫刀片来调整刀尖的高度。刀尖的高低可根据尾座顶尖高低来调整，刀尖应对齐尾座顶尖。车刀装得太高，后角减小，则车刀的主后刀面会与工件产生强烈的摩擦；车刀装得太低，前角减小，切削不顺利，会使刀尖崩碎。

（3）刀杆应与工件的轴线垂直，其底面应平放在刀架上。刀杆应垫平，垫片的数量一般以 1 ～ 3 片为宜，并尽可能用厚垫片，以减少垫片数量。调整好刀尖高度后，至少用两个四角螺钉交替压紧车刀。

（4）锁紧方刀架，注意检查在加工极限位置时是否会产生干涉或碰撞。

2. 车刀安装的要求

（1）车刀装夹在刀架上的伸出部分应尽量短，以增大车刀刚度，如图 2－16 所示。

（2）保证车刀的实际主偏角 k_r。

（3）至少用两个螺钉压紧车刀，以防位移和振动。

（4）调整垫片的厚度，使车刀刀尖与工件轴线等高。

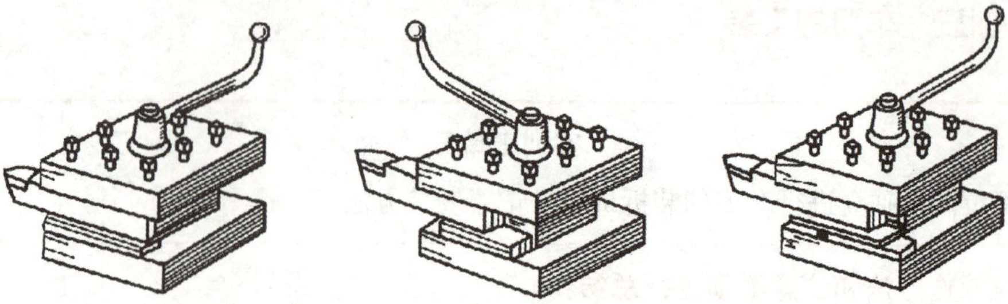

（a）正确　　（b）不正确　　（c）不正确

图 2－16　车刀的装夹

3. 车刀安装校对

车刀安装图示与要求见表 2－1。

表 2－1　车刀安装图示与要求

内容	图示	要求
根据机床主轴中心高用钢直尺进行测量并装刀	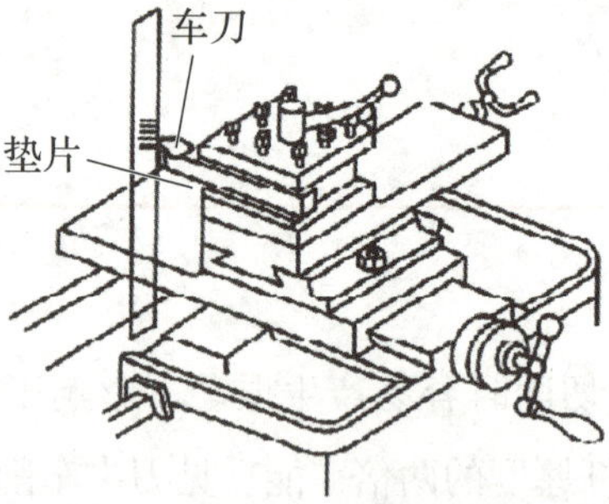	（1）由机床说明书可知，机床主轴中心到平面导轨的垂直距离为 180mm（中心高）。 （2）用 300mm 钢直尺测量，从机床导轨平面到刀尖的高度是机床的理论中心高，为 180mm（机床牌号中最大回转直径的 1/2）
根据尾座顶尖的高度装刀	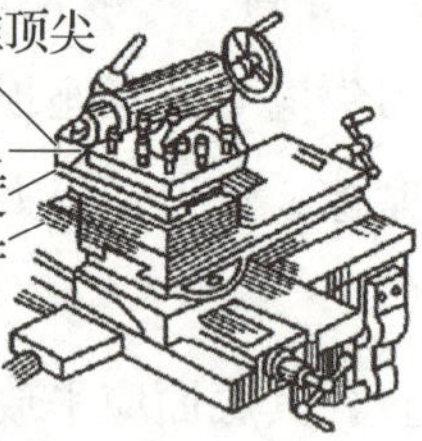	刀尖与顶尖中心平齐
根据目测试车端面，调整装刀	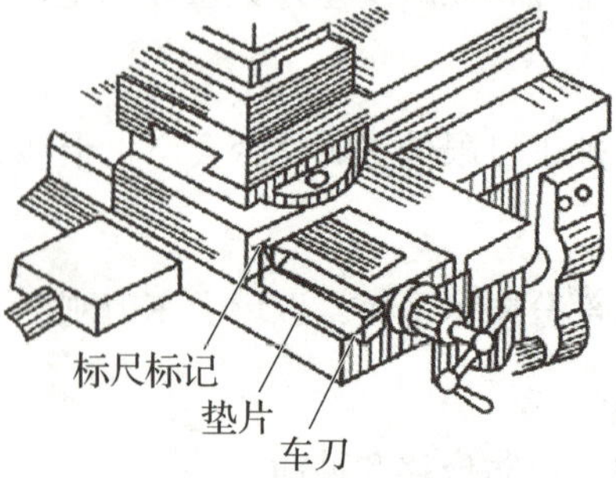	（1）目测安装车刀并试车一刀，根据情况微调车刀，使刀尖与中心重合，当刀尖完全到达中心位置时，在中滑板燕尾上划一条辅助标尺，这条标尺的标记正好等于刀架底面到主轴中心的高度。 （2）后续的车刀安装可以此标尺标记为基准

续表

内容	图示	要求
车刀安装伸出长度	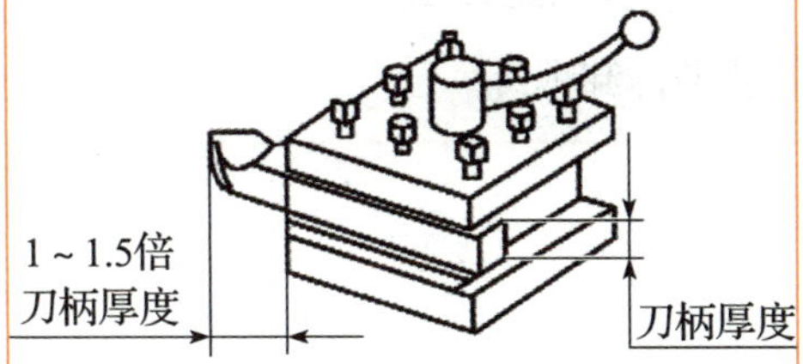	车刀装夹在刀架上，伸出部分应尽量短，以增加刚性，伸出长度一般为 1 ～ 1.5 倍刀柄厚度

4. 车刀安装中心高度对车削的影响

车刀安装中心高度对车削的影响见表 2－2。

表 2－2　车刀安装中心高度对车削的影响

刀具安装图示	对车削的影响
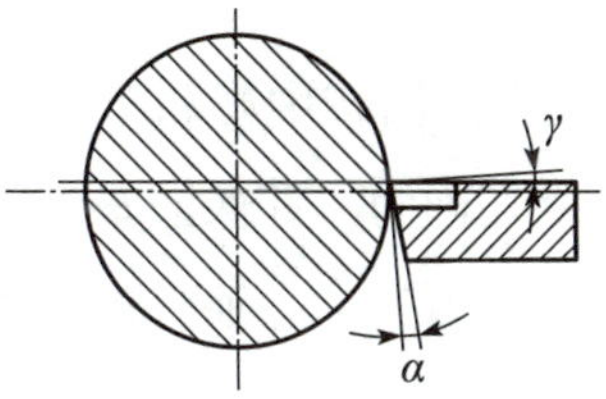	车刀刀尖高于工件轴线，会使车刀的实际后角减小，前角增大，车刀后刀面与工件之间的摩擦增大
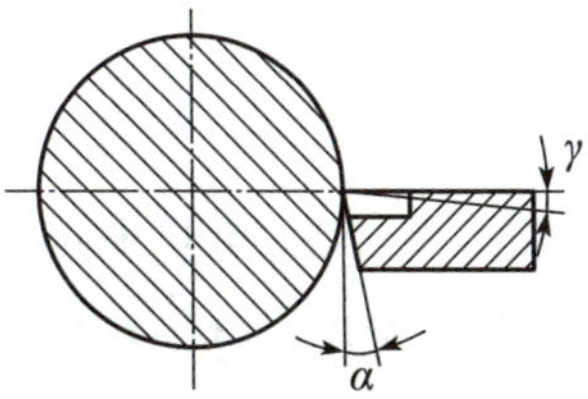	车刀刀尖与工件中心等高，前后角保持不变
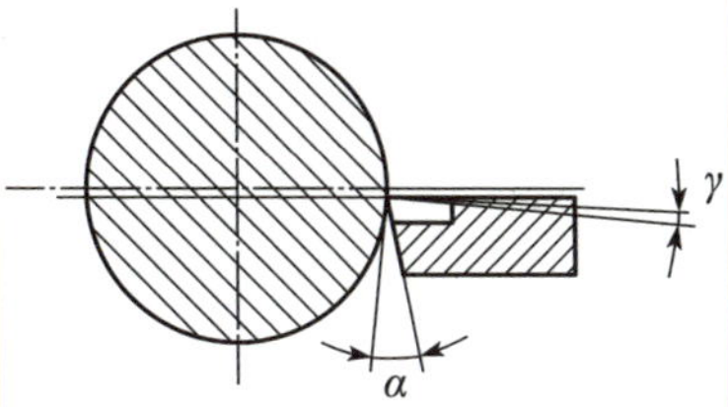	车刀刀尖低于工件轴线，会使车刀的实际前角减小，后角增大，实际切削阻力增大

车工实训四　工件的装夹

实训工单四

每位同学进行 2、3 次工件装夹拆卸训练。

记录装拆方法及注意事项：

车床主要用于加工回转表面。安装工件时，应该使待加工表面回转中心和车床主轴的中心线重合，以保证工件位置准确；注意将工件卡紧，以承受切削力，并保证安全。车床上常用的装夹附件有自定心卡盘、单动卡盘、顶尖、中心架、跟刀架、心轴、花盘和弯板等。

1. 自定心卡盘

自定心卡盘是车床上最常用的附件，如图 2－17 所示。转动小锥齿轮时，可使与它相啮合的大锥齿轮随之转动，大锥齿轮的背面的平面螺纹就使 3 个卡爪同时缩向中心或张开，以夹紧不同直径的工件。由于 3 个卡爪同时移动并能自行对中（对中精度约为 0.05 ～ 0.15mm），因此自定心卡盘适于快速夹持截面为圆形、正三边形、正六边形的工件。自定心卡盘还附带 3 个“反爪”，换到卡盘体上即可夹持直径较大的工件。

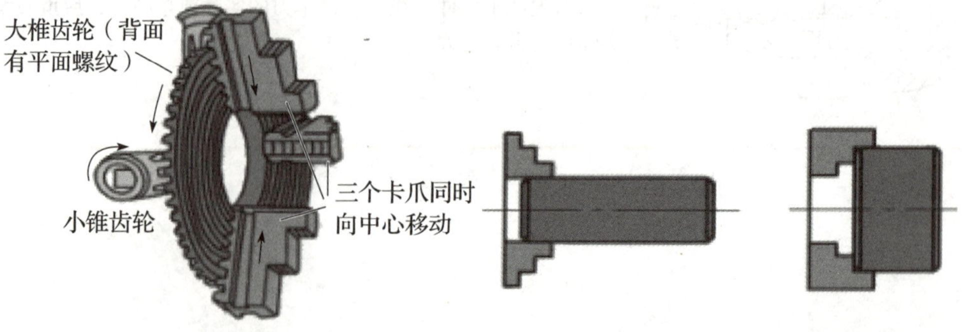

（a）自定心卡盘内部结构　（b）夹持棒料　（c）反爪夹持大棒料

图 2－17　自定心卡盘

2. 单动卡盘

单动卡盘如图 2－18 所示。它的 4 个卡爪通过 4 个调整螺杆独立移动，用途广泛。单动卡盘不但可以安装截面是圆形的工件，还可以安装截面是方形、长方形、椭圆形或其他不规则形状的工件。此外，因为单动卡盘较自定心卡盘的夹紧力大，所以可用来安装较重的圆形截面工件。

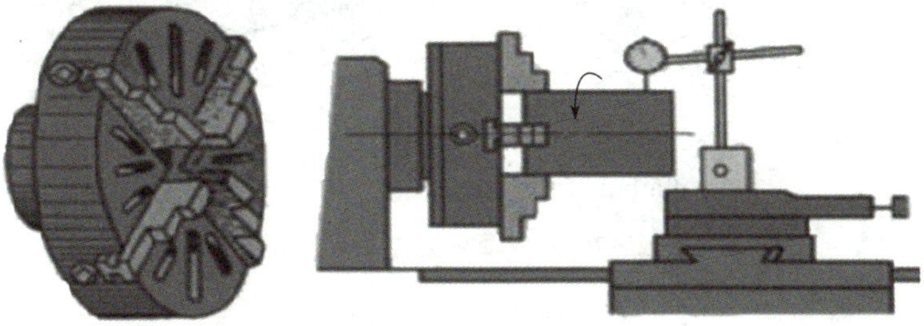

（a）单动卡盘的构造　　（b）用百分表找正

图 2－18　单动卡盘

3. 其他装夹方式

（1）“两顶尖式”装夹。对于较长的或必须经过多次装夹才能加工好的工件（如长轴、长丝杆等），或工序较多、在车削后还要铣削或磨削加工的工件，为了保证每次装夹时的装夹精度（如同轴度要求），可用两顶尖装夹，如图 2－19 所示。两顶尖装夹工件的特点是方便，不需找正，装夹精度高。

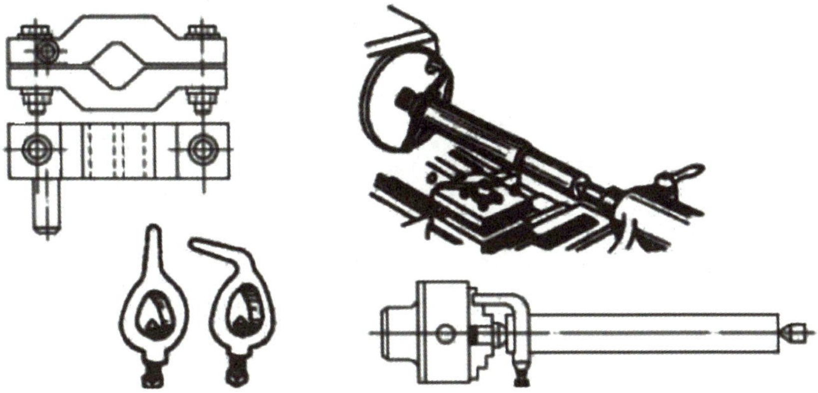

图 2－19　“两顶尖式”装夹工件

（2）“一顶一夹式”装夹。用两顶尖装夹工件虽然精度很高，但刚性较差，影响切削用量的提高。因此，车削一般轴类工件，尤其是较重的工件时，不能采用两顶尖装夹的方式，应采用一顶一夹的方式，如图 2－20 所示，采用该方式必须先在工件的端面钻出中心孔。

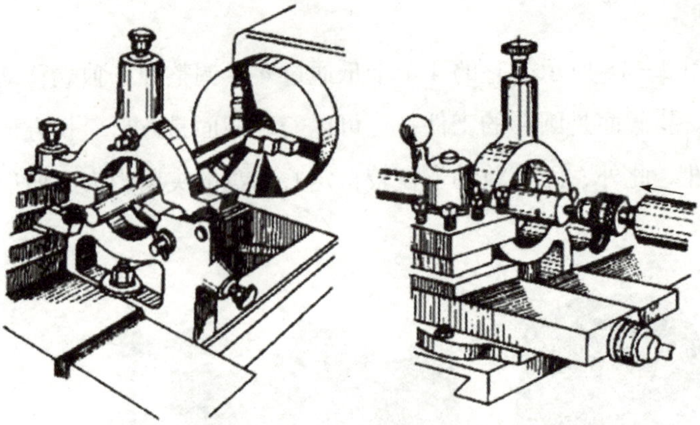

（a）　　　　（b）

图 2-20 "一顶一夹式"装夹工件

车工实训五　主轴箱的变速操作

<table>
<tr><td>

实训工单五

（1）调整主轴转速分别为 28r/mm、560r/mm、1250r/mm，确认后启动车床并观察。

（2）选择车削右旋螺纹和车削左旋加大螺距螺纹的手柄位置。

</td></tr>
<tr><td>

对操作方法和注意事项进行总结：

</td></tr>
</table>

通过改变主轴箱正面右侧的两个叠套手柄的位置来控制转速。前面的手柄有 6 个挡位，每个有 4 级转速，由后面的手柄控制，所以主轴共有 24 级转速。主轴箱正面左侧的手柄用于调整螺纹的左右旋向和加大螺距，共有 4 个挡位，即右旋螺纹、左旋螺纹、右旋加大螺距螺纹和左旋加大螺距螺纹，其挡位如图所示。如图 2－21 所示。

图 2－21　主轴箱操作手柄

车工实训六　进给箱的变速操作

实训工单六

（1）确定纵向进给量为 0.46mm/r、横向进给量为 0.20mm/r 时手轮和手柄的位置，并酌情调整。

（2）确定车削螺距分别为 1mm、1.5mm、2mm 的普通螺纹时，进给箱上手轮和手柄的位置，并酌情调整。

对操作方法和注意事项进行总结：

C6140 型车床上进给箱正面左侧有一个手轮，手轮有 8 个挡位；右侧有前、后叠装的两个手柄，前面的手柄是丝杠、光杠变换手柄，后面的手柄有Ⅰ、Ⅱ、Ⅲ、Ⅳ共 4 个挡位。手柄与手轮配合可以调整螺距或进给量。

根据加工要求调整所需螺距或进给量时，可通过查找进给箱油池盖上的调配表来确定手轮和手柄的具体位置。进给箱操作手柄如图 2－22 所示。

图 2－22　进给箱操作手柄

实训工单七（一）

（1）摇动大手轮，使床鞍向左或向右做纵向移动；用左手、右手分别摇动中滑板手柄，做横向进给和退出移动；用双手交替摇动小滑板手柄，做纵向短距离的左、右移动。要求做到操作熟练自如，床鞍、中滑板、小滑板的移动平稳、均匀。

（2）用左手摇动大手轮，右手同时摇动中滑板手柄，实现纵、横向快速趋近和快速退出工件。

（3）利用大手轮刻度盘使床鞍纵向移动 250mm、324mm；利用中滑板手柄刻度盘使刀架横向进刀 0.5mm、1.25mm；利用小滑板分度盘使小滑板纵向移动 5mm、5.8mm。注意丝杠间隙的消除。

（4）利用小滑板分度盘扳转角度，使刀架可车削圆锥角 α=30° 的圆满锥体（小端在右端）。

对操作方法和注意事项进行总结：

溜板箱如图 2－23 所示，溜板部分可实现车削时绝大部分的进给运动：床鞍及溜板箱做纵向移动，中滑板做横向移动，小滑板可做纵向或斜向移动。进给运动有手动进给和机动进给两种方式。

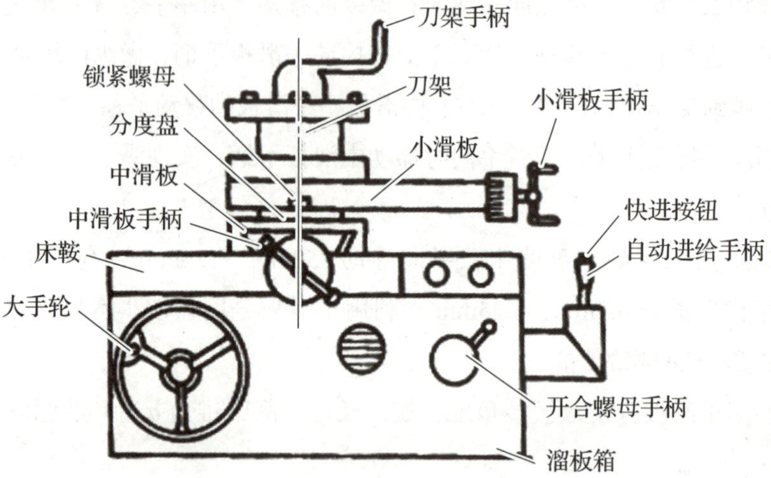

图 2－23　溜板箱

1. 溜板部分的手动操作

（1）床鞍及溜板箱的纵向移动由溜板箱正面左侧的大手轮控制。顺时针方向转动手轮时，床鞍向右运动；逆时针方向转动手轮时，床鞍向左运动。手轮轴上的刻度盘圆周等分 300 格，手轮每转过 1 格，纵向移动 1mm。

（2）中滑板的横向移动由中滑板手柄控制。顺时针方向转动手柄时，中滑板向前运动（即横向进刀）；逆时针方向转动手轮时，中滑板向操作者运动（即横向退刀）。手轮轴上的刻度盘圆周等分 100 格，手轮每转过 1 格，纵向移动 0.05mm。

（3）小滑板在小滑板手柄控制下可做短距离纵向移动。小滑板手柄顺时针方向转动时，小滑板向左运动；逆时针方向转动时，小滑板向右运动。小滑板手轮轴上的刻度盘圆周等分 100 格，手轮每转过 1 格，纵向或斜向移动 0.05mm。小滑板的分度盘在刀架需斜向进给车削短圆锥体时，可顺时针或逆时针在 90° 范围内偏转所需角度。调整时，先松开锁紧螺母，转动小滑板至所需角度后，再锁紧螺母将小滑板固定。

2. 溜板部分的机动进给操作

（1）C6140 型车床的纵、横向机动进给和快速移动采用单手柄操纵。自动进给手柄在溜板箱右侧，可沿十字槽纵、横扳动，手柄扳动方向与刀架运动方向一致，操作简单、方便。手柄在十字槽中央位置时，停止进给运动。自动进给手柄顶部有一快进按钮，按下此按钮，快速电动机工作，床鞍或中滑板手柄扳动方向做纵向或横向快速移动；松开此按钮，快速电动机停止转动，快速移动中止。

（2）溜板箱正面右侧有一开合螺母操作手柄，用于控制溜板箱与丝杆之间的运动联系。车削非螺纹表面时，开合螺母手柄位于上方；车削螺纹时，顺时针方向扳下开合螺母手柄，使开合螺母闭合并与丝杆啮合，将丝杠的运动传递给溜板箱，使溜板箱、床鞍按预定的螺距做纵向进给。车完螺纹应立即提起开合螺母，将手柄扳回原位。

实训工单七（二）

（1）用自动进给手柄完成床鞍的纵向进给和中滑板的横向进给的机动进给练习。

（2）用自动进给手柄和手柄顶部的快进按钮完成纵向、横向的快速进给操作。

（3）操作进给箱上的丝杠、光杠变换手柄，使丝杠回转，将溜板箱向右移动足够远的距离，扳下开合螺母，观察床鞍是否按选定螺距做纵向进给。扳下和抬起开合螺母的操作应果断有力，练习中注意手的力度。

（4）左手操作中滑板手柄，右手操作开合螺母，两手配合练习车完螺纹时的横向退刀。

操作时要注意，当床鞍快速移动至离主轴箱或尾座的距离不够远、而中滑板伸出床鞍足够远时，应立即松开快速按钮，停止快速进给，以免床鞍撞坏主轴箱或尾座，同时避免因中滑板伸出太长而使燕尾导轨受损。

对操作方法和注意事项进行总结：

车工实训八　尾座的操作

实训工单八
利用尾座安装钻头、顶尖，酌情调整尾座位置。
对操作方法和注意事项进行总结：

车床的尾座如图 2－24 所示。

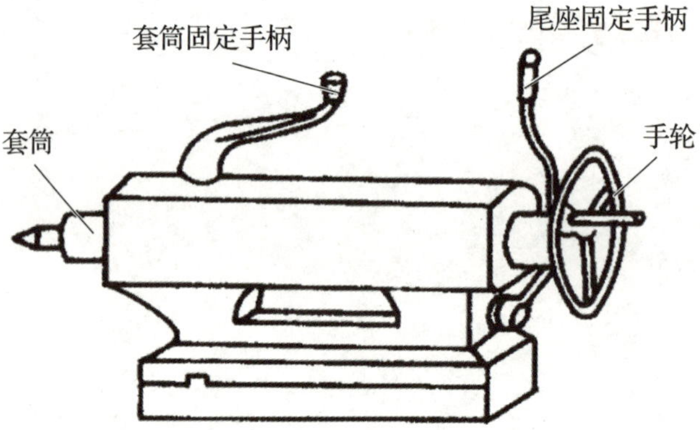

图 2－24　尾座

（1）手动沿床身导轨纵向移动尾座至合适的位置，逆时针方向扳动尾座固定手柄，将尾座固定。注意移动尾座时用力不要过大。

（2）逆时针方向移动套筒固定手柄，摇动手轮，使套筒做进、退移动。顺时针方向转动套筒固定手柄，将套筒固定在选定的位置。

（3）擦净套筒内孔和顶尖锥柄，安装后顶尖；松开套筒固定手柄，摇动手轮使套筒后退，退出后顶尖。

车工实训九　车床的保养

实训工单九
对车床进行保养。
对车床进行保养的方法及注意事项进行总结：

1. 车床的润滑保养

车床传动是靠内部多个齿轮、丝杠和齿条等实现的，这些零部件间啮合受力会产生摩擦，长时间摩擦会损坏零部件，甚至导致其不能正常工作。车床外部零部件也会因为工件、刀具磕碰，切屑划伤而损伤，甚至导致车床精度降级。为了保证车床的正常运转，减少磨损，延长车床使用寿命，应对车床的易摩擦磨损部位进行润滑和保养。要使车床保持正常运转并减少磨损，必须经常对车床的所有摩擦部位进行润滑。卧式车床的润滑方式有以下几种：

（1）浇油润滑。车床外露的滑动表面，如床身导轨面，中、小滑板导轨面等，擦干净后用油壶浇油润滑。

（2）溅油润滑。对于车床齿轮箱内的零件，一般利用齿轮的转动使润滑油飞溅到各处进行润滑。

（3）油绳润滑。将毛线浸在油槽内，利用毛细管作用把油引到需要润滑的部位，卧式车床进给箱就是利用油绳润滑的。

（4）弹子油杯润滑。尾座和中、小滑板摇动手柄的转动轴承处，一般用弹子油杯润滑。润滑时，用油枪嘴把弹子压下，滴入润滑油。

（5）黄油（油脂）杯润滑。润滑时，先在黄油杯中装满工业润滑脂，旋入油杯盖时，润滑脂就会挤入轴承套内。

（6）油泵循环润滑。这种方式是依靠车床内的油泵供应充足的油量来润滑。换油时，先将废油放净，再用干净煤油将箱体内部和油绳彻底洗净。注油时应用网过滤，且油面不得低于油标中心线。

如图 2－25 所示为 CA6140 型车床润滑系统润滑点的位置示意图。润滑部位用数字标出，除②处的润滑部位是用 2 号钙基润滑脂进行润滑外，其余各部位都用 30 号机油润滑。换油时，应先将废油放尽，再用煤油将箱体内冲洗干净，然后注入新机油。注油时应用网过滤，且油面不得低于油标中心线。

30/7 表示 30 号机油，其分子表示润滑油类别，分母表示两班制工作时换（加）油间隔的天数为 7 天。

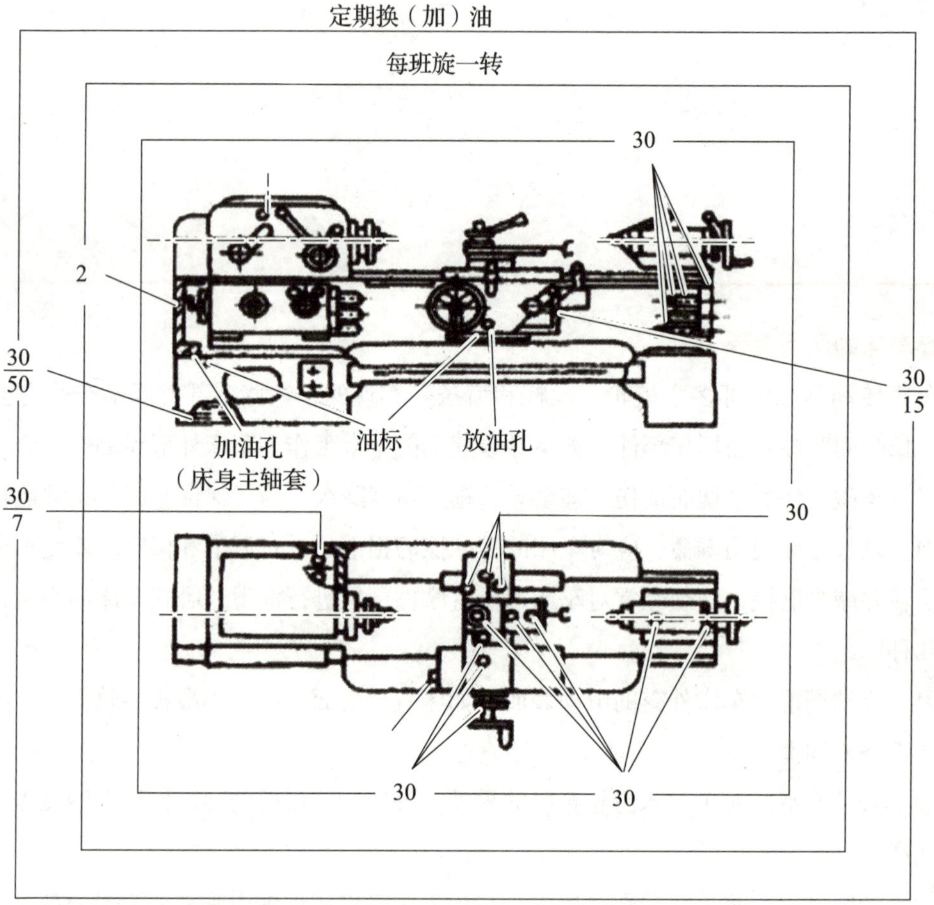

图 2－25　CA6140 型车床润滑系统润滑点的位置示意图

2. 车床的日常清洁

为了保证车床的加工精度及加工质量、延长使用寿命、提高生产效率，车工除了应学会操作车床，还必须学会对车床进行合理的维护和保养。

（1）每天工作前，检查各手柄位置，空车试运转。

（2）每天工作结束后，切断电源，擦拭车床各表面、各罩壳、导轨面、丝杠、光杠、各操纵手柄和操纵杆，做到无油污、无铁屑，车床外表清洁，部件归位。

单元三　基本车削技术

任务一　车削外圆

理论学习工单一

请结合本任务所学回答以下问题：

1. 列出车削外圆时使用的刀具的名称和规格。

2. 简述车削外圆时试切的步骤。

车外圆时一般需经过粗车和精车两个阶段。

一、粗车

粗车的目的是尽快从毛坯上切除大部分加工余量，使工件接近图样要求的形状和尺寸。粗车时对加工质量要求不高，因此在选取切削用量时，应优先选取较大的背吃刀量 a_p，以减少吃刀次数，最好一刀切去全部粗车余量，当车床功率不够时，才考虑分两次或两次以上进刀。为了提高生产效率，粗车时进给量也应取大些，一般选取 0.3 ～ 1.2mm/r，最后根据 a_p、f、刀具以及工件材料等来确定切削速度，一般选用中等切削速度（10 ～ 80m/min）。工件材料较硬时选较小值，较软时选较大值；采用高速钢车刀时选低些，采用硬质合金车刀时选高些。

二、精车

精车的目的是保证工件的尺寸精度和表面质量，因此要适当减小副偏角，刀尖处应磨成有小圆弧的过渡刃，适当加大前角。选取切削用量时，优先选取较高的切削速度，再选取较小的进给量，最后根据工件尺寸确定背吃刀量。粗车和精车开始前，都必须进行试切，试切方法及步骤如图 2－26 所示。

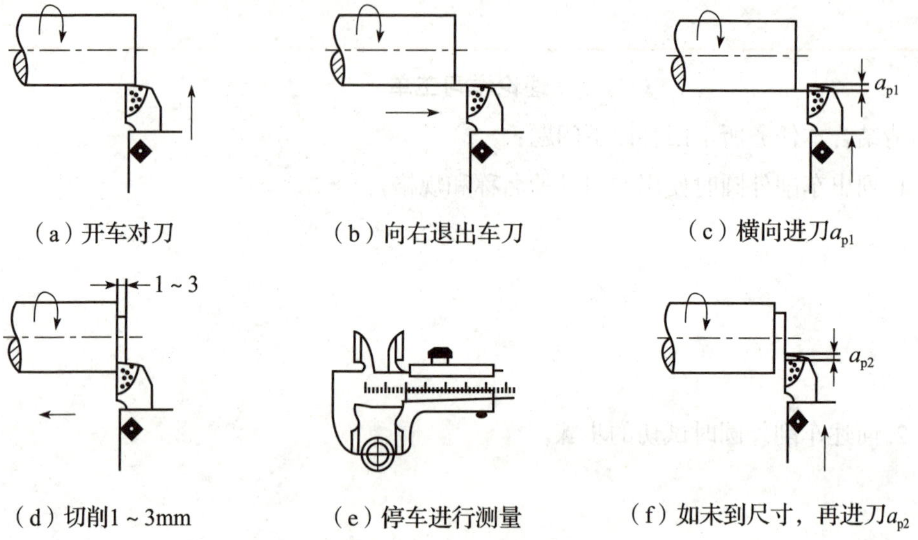

（a）开车对刀　（b）向右退出车刀　（c）横向进刀a_{p1}

（d）切削1 ~ 3mm　（e）停车进行测量　（f）如未到尺寸，再进刀a_{p2}

图 2－26　试切方法及步骤

车外圆过程中常见问题的原因及预防见表 2－3。

表 2－3　车外圆过程中常见问题的原因及预防

常见问题	产生原因	预防方法
工件有残留毛坯表面	（1）加工余量不够。 （2）工件弯曲没有矫直。 （3）工件在卡盘上没有校正。 （4）中心孔位置不正	（1）毛坯在加工前一定要测量加工余量是否足够。 （2）加工前必须矫直。 （3）工件装上卡盘后要用划针或凭眼力找正。 （4）事先检查中心孔是否正确
尺寸不正确	（1）看错图样。 （2）试切时粗枝大叶。 （3）看错尺寸或看错刻度。 （4）测量不正确。 （5）冷却收缩	（1）认真识读图样。 （2）试切时要细心，车出 3 ～ 5mm 长度并进行测量。 （3）反复识读图样，掌握进刀刻度盘的使用方法，看清刻度格数。 （4）正确选择量具，正确掌握测量方法。 （5）对于刚切削完的工件，要等其降至室温再测量
锥度超差	（1）主轴轴线与尾座顶尖轴线不重合。 （2）车床导轨与主轴轴线不平行	（1）调整尾座使其轴线与主轴轴线重合。 （2）调整车床导轨或主轴轴线使之平行

续表

常见问题	产生原因	预防方法
椭圆度超差	（1）主轴轴颈椭圆或轴承配合间隙过大。 （2）顶尖孔和顶尖几何形状不规则。 （3）中心孔内藏有异物。 （4）活动顶尖精度超差。 （5）材料硬度不均匀或毛坯椭圆度太大	（1）修理主轴轴颈或调整轴承配合间隙。 （2）修理顶尖孔和顶尖的几何形状。 （3）清洁中心孔。 （4）修理或更换活顶尖轴承。 （5）进行热处理或增加走刀次数
表面粗糙度超差	（1）刀具几何形状不正确。 （2）切削用量选择不恰当。 （3）刀具安装不正确。 （4）活顶尖失去精度。 （5）刀刃变钝。 （6）主轴轴承磨损及振动	（1）选择合理的几何角度。 （2）调整切削用量。 （3）正确安装刀具。 （4）修理或更换活顶尖轴承。 （5）重新刃磨刀具。 （6）调整或更换轴承

任务二　车端面

理论学习工单二

请结合本任务所学回答以下问题：

1. 列出车削端面时使用的刀具的名称和规格。

2. 简述车外端面的步骤。

常用偏刀或者弯头车刀来车端面，如图 2－27（a）所示。安装车刀时，刀尖必须准确地对准工件的旋转中心，否则将在端面中心处留有凸台，且易崩坏刀尖。车端面时，切削速度由外向中心逐渐减小，将影响端面的表面粗糙度，因此工件切削速度要选高一些。接近中心时可停止自动进给，通过手动缓慢进给至中心，这样可保护刀尖。

如图 2－27（b）所示，当切削深度较大时容易扎刀且崩掉刀尖，所以车端面用弯头刀较为有利。不过，精车端面时可用偏刀由中心向外进给，如图 2－27（c）所示，这样能提高端面的加工质量。车削直径较大的端面，若出现凹心或凸面时，应检查车刀和方刀台是否锁紧，以及中拖板的松紧程度。此外，为使车刀准确地横向进给而无纵向松动，应将大拖板锁紧于床身上，用小拖板来调整切深。

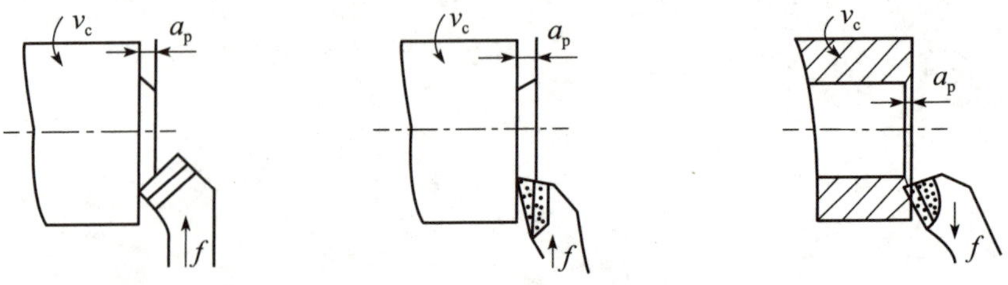

（a）弯头车刀车端面　　（b）偏刀向中心走刀车端面　　（c）偏刀向外走刀车端面

图 2－27　车端面

任务三　车台阶

理论学习工单三

请结合本任务所学回答以下问题：

简述车外阶梯的步骤。

阶梯轴上不同直径的相邻两轴段组成台阶，可采用 90° 外圆车刀或 45° 端面车刀车出台阶外圆，如图 2－28 所示，再用主偏角大于 90° 的外圆车刀或切断刀横向进给车出环形端面。用外圆车刀或切断刀车台阶端面时，端面与台阶外圆处应接刀平整，不能内凹外凸。粗车台阶时，长度余量应放在大直径轴段。多阶梯台阶车削时，应先车最小直径台阶，再从两端向中间逐个进行。

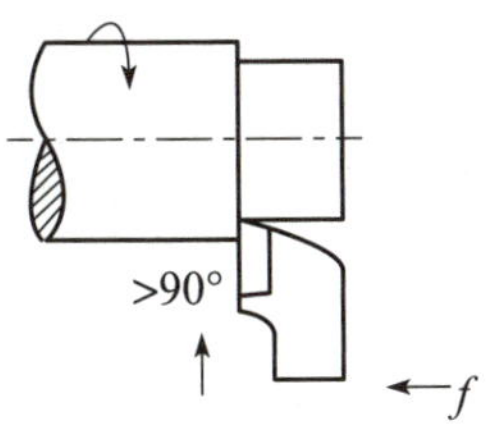

（a）用90°外圆车刀车台阶

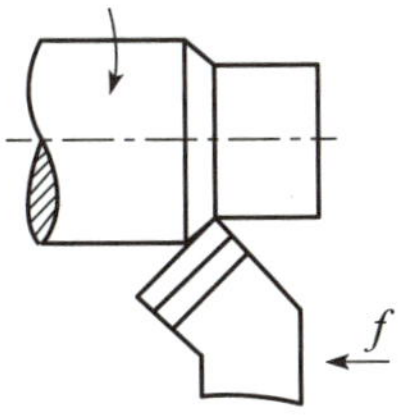

（b）用45°端面车刀车台阶

图 2－28　车台阶

车阶梯外圆时，不但要控制各段直径尺寸，而且要控制各段轴向尺寸。一般用车刀刻线痕的方法控制台阶长度，具体方法有 3 种：一种是用刀尖对准台阶右端面时，记住该处大拖板的刻度值或者调整到“0”，再转动大拖板手柄到所需长度处，启动车床用刀尖刻线痕。另外两种分别是用钢直尺或深度游标卡尺量出台阶的长度尺寸，再将车刀移至该处，撤走钢直尺或深度游标卡尺，然后启动车床用刀尖刻线痕。

台阶长度的测量如图 2－29 所示。对于未注尺寸公差的台阶可用钢直尺测量长度；对于尺寸公差要求高的台阶，需用深度游标卡尺测量长度；对于大批量生产的台阶，可用样板检验长度。

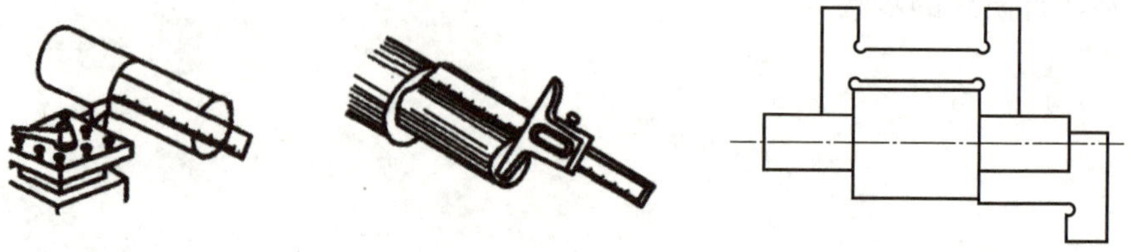

（a）用钢直尺测量　（b）用深度游标卡尺测量　（c）用样板测量

图 2－29　台阶长度的测量

任务四　切槽与切断

理论学习工单四

请结合本任务所学回答以下问题：

1. 简述切槽和切断所需刀具的名称和规格。

2. 简述切槽和切断的步骤。

一、切断

把棒料或工件分成两段或多段的车削方法称为切断，所用刀具称为切断刀。

1. 切断刀

切断时，刀头伸进工件内部，散热条件差，排屑困难，易引起振动，稍不注意刀头就会折断，因此必须合理选择切断刀。切断刀的种类很多，按材料可分为高速钢切断刀和硬质合金切断刀；按结构可分为焊接式切断刀、整体式切断刀和机夹式切断刀等。

2. 切断刀的安装

安装切断刀时要保证两个副偏角对称，即刀具不能偏斜。刀尖的安装高度应与车床主轴中心等高，若刀尖装得过低或过高，切断处均会产生凸起部分，易使刀具折断或出现切断刀后刀面顶住工件难以切断的情况。切断刀伸出刀架不宜过长，以保证刚度。

3. 切断注意事项

（1）车削过的表面容易进行切断。对悬伸工件要用顶尖顶住，或用中心架支承，以增加工件刚度。切断位置应距卡盘或中心架近一些，以免因工件刚性不足而产生振动。

（2）选用比车外圆低的切削速度。用高速钢切断刀车钢材时，选择 v_c=20 ～ 40m/min，并加切削液；车铸铁时选择 v_c=15 ～ 25m/min。用硬质合金切断刀车钢材时，选择

v_c=80 ~ 120m/min；车铸铁时选择 v_c=60 ~ 100m/min。

（3）切断时可先采用纵向机动进给，进给量选择 0.2 ~ 0.3mm/r，工件快被切断时，停止机动进给，改用手动进给。对实心工件，切断至剩余 ϕ2 ~ ϕ3mm 时，可退出切断刀，停车后上下摇动工件，即可将其折断。对空心工件，切断前用铁钩勾好内孔，防止工件切断后掉落。

（4）对于切断深度较小的工件可采用直进法切断，对于切断深度较大的工件可采用左右借刀法切断，如图 2－30 所示。

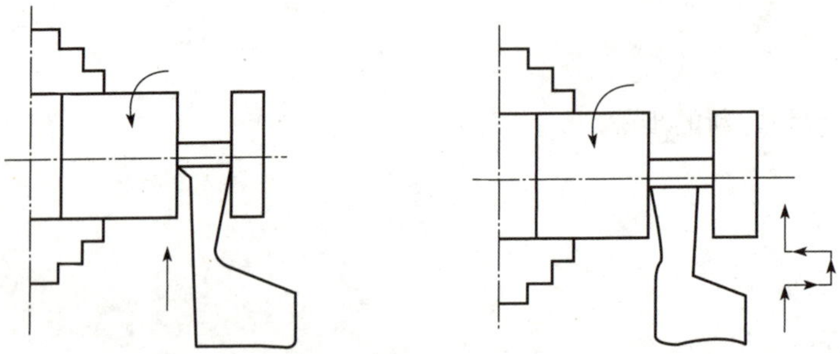

（a）直进法　　（b）左右借刀法

图 2－30　切断方法

二、切槽

1. 切槽与切槽刀

在工件表面车出沟槽的方法称为切槽，如图 2－31 所示。槽的形状很多，有外槽、内槽和端面槽等。切槽刀与切断刀的外形相似，其刃磨和安装方法与切断刀基本相同，不同点是刀头宽些，长度短些。注意，可用切断刀车槽，但不一定能用切槽刀来切断。

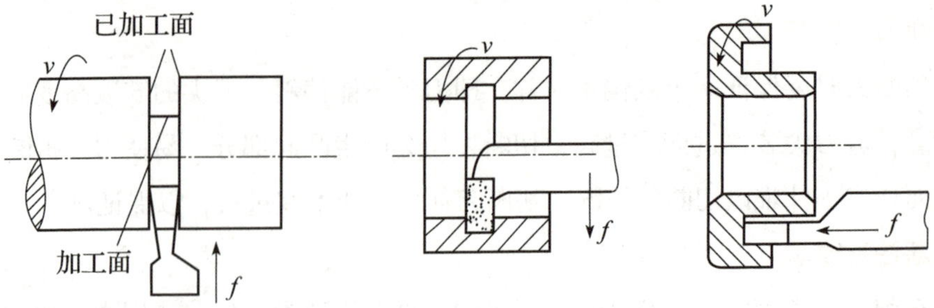

图 2－31　切槽

2. 切槽操作与测量

切槽是切断操作的一部分，因此可参照切断的操作来切槽，但要掌握槽宽度和深度的尺寸控制。通常，宽度在 3 ～ 4mm 以内的外槽，采用刃磨与槽宽相等的切槽刀来控制，槽的深度利用中拖板来控制。切槽刀接触外圆时的刻度值至切深处的刻度值之差即为槽深。槽的深度和宽度还可用游标卡尺和千分尺测量，外槽的测量如图 2 - 32 所示。

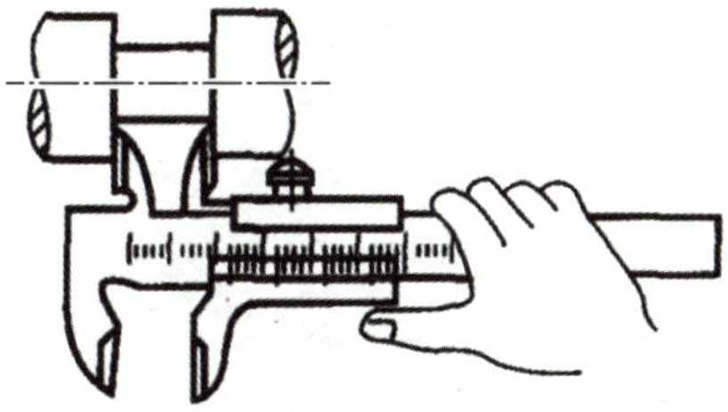

（a）游标卡尺测量

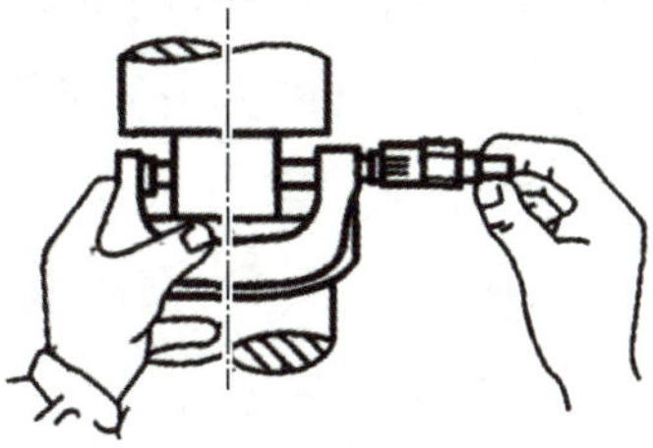

（b）千分尺测量

图 2 - 32　外槽的测量

对于宽槽，一般先分段横向粗车，槽深放余量 0.5mm，再一次横向车槽至所需深度，然后进行纵向精车至槽宽的另一端。

对于宽度为 50 ～ 100mm 的外槽，应在用弯头车刀车外圆的同时横向逐渐切入至槽深，然后利用纵向进给车出槽宽，槽宽的两端再用切槽刀接平。大宽度槽的两端面与槽底往往呈圆弧连接，因此切槽刀的两刀尖也应磨成相应的圆弧。

任务五 孔加工

理论学习工单五

请结合本任务所学回答以下问题：

简述利用车床钻孔的方法和步骤。

在车床上可以使用钻头、扩孔钻和铰刀等定尺寸刀具加工孔，也可以使用内孔车刀镗孔。

内孔加工时，由于在观察、排屑、冷却、测量及尺寸控制等方面都比较困难，刀具的形状、尺寸又受内孔的限制而且刚性较差，因此使内孔的加工质量受到影响。此外，由于加工内孔时不能用顶尖，因此装夹工件的刚性也较差。

在车床上加工孔时，工件的外圆和端面必须在同一次装夹中加工完成，这样才能靠机床的精度保证工件内孔、外圆表面的同轴度，以及工件轴线与端面的垂直度。因此，车床适合加工轴类、盘套类零件中心位置的孔，不适合加工大型零件及箱体、支架类零件上的孔。

一、钻孔

在车床上钻孔与在钻床上钻孔的切削运动是不一样的，在钻床上钻孔时，主运动是钻头的旋转，进给运动是钻头的轴向进给。在车床上钻孔时，主运动是由车床主轴带动的工件旋转，钻头装在尾座的套筒里，用手转动手轮使套筒带着钻头实现进给运动，如图 2-33 所示。因此，在车床上加工孔时不需要划线，而且容易保证孔与外圆的同轴度及孔与端面的垂直度。

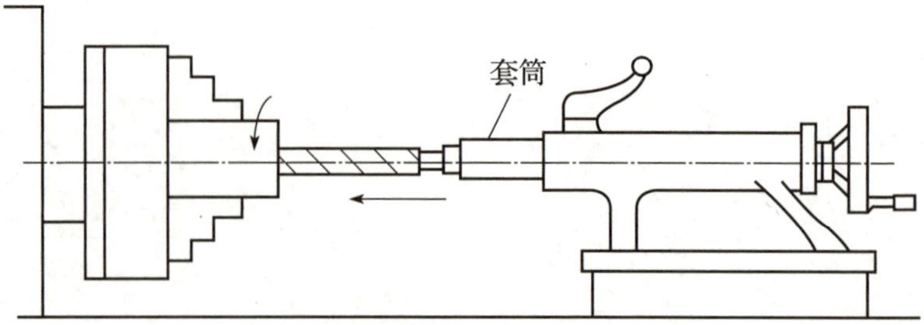

图 2-33 在车床上钻孔

通常，在车床上用麻花钻来完成低精度孔的加工，或作为高精度孔的粗加工。

车床钻孔的注意事项如下：

（1）钻孔前应车好端面，打好中心孔，以便钻头定心。

（2）钻孔时要及时退钻排屑，用切削液冷却钻头。进行通孔钻削时，快钻通时进给要慢，钻通后要退出钻头再停车。

（3）通常，ϕ30mm 以下的孔可用麻花钻直接在实心工件上进行钻削。若孔径在 ϕ30mm 以上，先用 ϕ30mm 以下的钻头钻孔后，再用 ϕ30mm 以上的钻头扩孔。

二、扩孔

扩孔就是把已用麻花钻钻好的孔的孔径再扩大的加工过程。通常，对于单件低精度的孔，可直接用麻花钻扩孔；对于精度要求高、成批加工的孔，可用扩孔钻扩孔。扩孔钻的刚性好，进给量较大，生产效率较高。

三、镗孔

镗孔是用镗孔刀对已铸、锻或钻出的孔进一步加工，以扩大孔径、提高孔的精度、降低孔壁表面粗糙度的加工方法。在车床上可镗通孔、盲孔、台阶孔和内环形沟槽等，如图 2-34 所示。

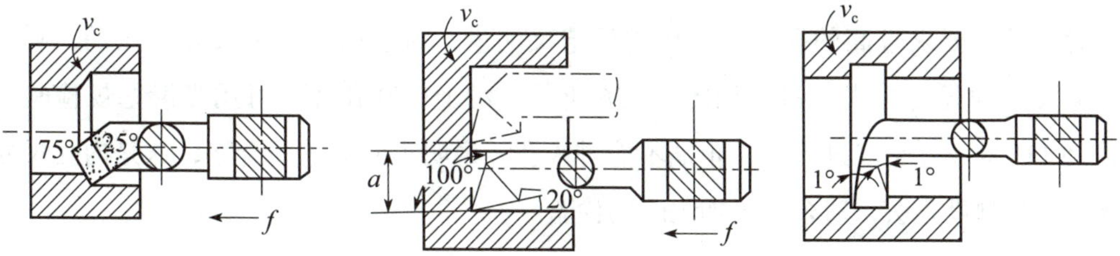

（a）镗通孔　（b）镗盲孔　（c）镗内环形沟槽

图 2-34　在车床上镗孔

通孔镗刀的主偏角 k_r 一般应小于 90°，盲孔和台阶孔镗刀的主偏角 k_r 应大于 90°。精镗通孔时，为防止切屑划伤已加工表面，镗刀刃倾角 λ_s 应取正值，以使切屑流向待加工表面，从孔的前端口排出。精镗盲孔时，镗刀的刃倾角应取负值，以使切屑从孔口及时排出。精车镗孔刀断屑槽要窄，以便于卷屑、断屑。

镗孔时，镗刀伸入孔内切削，由于刀杆尺寸受到孔径的限制，因此易出现刀杆刚性不足而产生弹性弯曲变形的情况，使加工出的孔呈喇叭口形。为提高刀杆刚性，刀杆的截面面积应尽量大，伸出长度应尽量短，刀尖要略高于主轴旋转中心，以减小颤动并避免扎刀。

镗通孔时，在选用截面面积尽可能大的刀杆的同时，要防止镗刀下部碰伤已加工表面。镗盲孔时，则要使刀尖至刀背面的距离小于孔径的一半，否则无法车平不通孔底的端面。

镗孔操作与车外圆操作基本相同，但要注意以下几点：

（1）启动车床前先使车刀在孔内手动试走一遍，确认车刀不与孔干涉后再开始镗孔。

（2）粗镗时，切削用量（a_p、f）要比车外圆时略小。刀杆越细，背吃刀量 a_p 也越小。

（3）镗孔的切深方向和退刀方向与车外圆时正好相反。

（4）刀杆刚性差会使内孔成为锥孔，需降低切削用量后重新镗孔。镗孔刀磨损严重时也会产生锥孔，需重磨镗孔刀后再进行镗孔。

对于内孔的长度尺寸（孔深），可用如图 2－35 所示的方法初步控制镗孔深度后，再用游标卡尺或深度千分尺测量，进而准确控制孔深。

（a）用粉笔划长度记号

（b）用铜片控制孔深

图 2－35　控制孔深的方法

对于精度要求较高的孔径，可用游标卡尺测量；对于精度要求很高的孔径，则用内径千分尺或内径百分表测量，如图 2－36 所示。对于标准孔径，可用光滑塞规检验，如图 2－37 所示。过端能进入孔，止端不能进入孔，说明工件的孔径合格，这是内孔尺寸和形状的综合测量方法，适合成批加工时的检验。

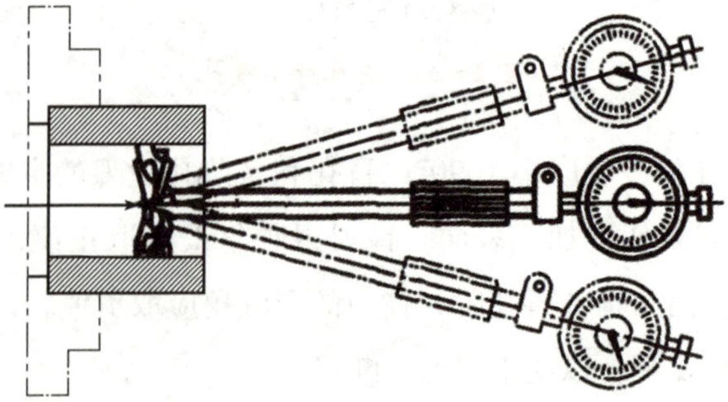

图 2－36　精密内孔的测量

图 2－37　光滑塞规

四、铰孔

铰孔是高效率成批精加工孔的方法，孔的加工质量稳定。钻、镗、铰连用是孔加工的典型方法之一，多用于批量生产，或用于单件小批量生产中加工细长孔。

任务六　车圆锥面

理论学习工单六

请结合本任务所学回答以下问题：

简述使用转动小拖板法车圆锥面的方法和步骤。

把工件车削成圆锥形表面的方法称为车圆锥。各种机械中均有很多零件之间采用圆锥面作为配合表面，例如，车床主轴孔与顶尖的配合，尾座套筒锥孔与尾座顶尖的配合，带锥柄的钻头、铰刀与钻头套的配合，以及动力机中的气阀与气阀座的配合等。

一、圆锥的参数

如图 2－38 所示，圆锥有 6 个参数：α 为圆锥的锥角，$\alpha/2$ 为斜角，l 为圆锥的轴向长度，D 为圆锥的大端直径，d 为圆锥的小端直径，K 为斜度。

这 6 个参数的相互关系可表示为：

锥角：$\alpha=(D-d)/l=2\tan(\alpha/2)$

斜度：$K=(D-d)/2l=\tan(\alpha/2)$

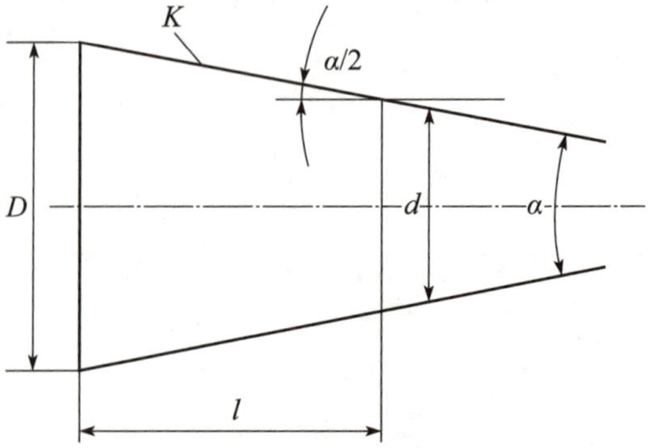

图 2－38　圆锥的参数

二、车圆锥的方法

在车床上车圆锥的方法有很多，包括转动小拖板法、偏移尾座法、成型车刀车削法、机械靠模法等。

1. 转动小拖板法

求出圆锥的斜角（$\alpha/2$），将小拖板转过（$\alpha/2$）后固定。车削时，转动小拖板手柄，车刀就会沿圆锥的母线移动，可车锥体和锥孔。转动小拖板法如图 2 - 39 所示，这种方法简单，不受锥度大小的限制，但受小拖板行程的限制而不能加工较长的圆锥，且表面粗糙度靠操作人员技术控制，手动进给实现，劳动强度较高。

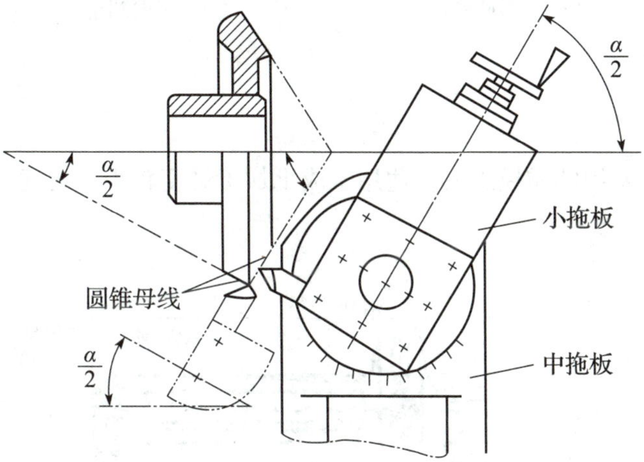

图 2 - 39　转动小拖板法

2. 偏移尾座法

把尾座偏移一个距离 S，使工件旋转轴线与车刀纵向进给方向相交成斜角（$\alpha/2$）。偏移尾座法如图 2 - 40 所示，该方法可加工长锥体，但只能加工小锥度锥体，可采用机动进给，劳动强度低。

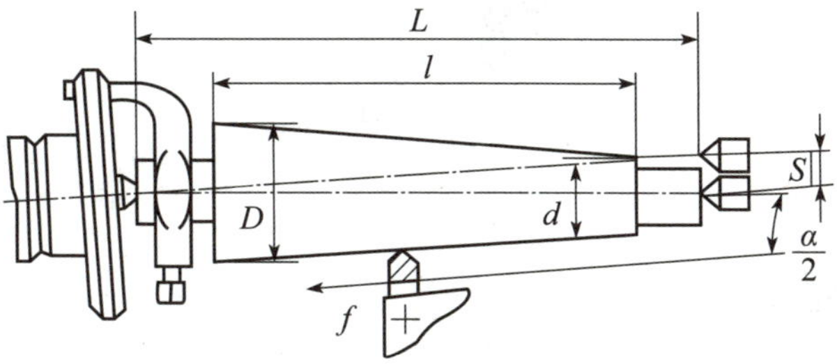

图 2 - 40　偏移尾座法

尾座偏移量：$S=L\times(D-d)/2l=L\tan(\alpha/2)$　　（2-1）

式中：L——工件长度。

3. 成型车刀车削法

对于长度较短的圆锥，成批加工时可磨制成型车刀，采用手动进给的方式直接车出。成型车刀车削法如图 2 - 41 所示，该方法径向切削力大，易引起振动。

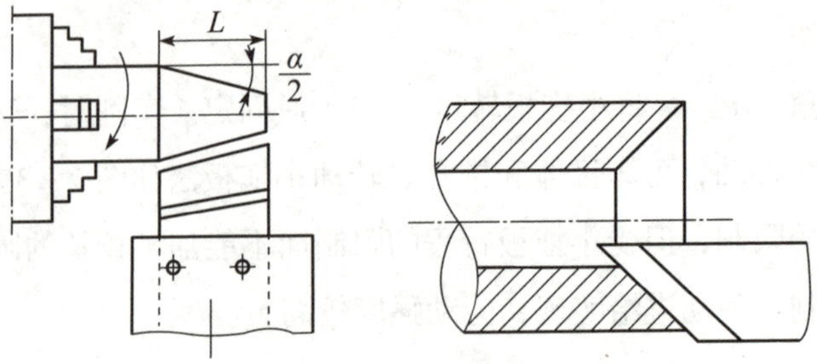

（a）车外圆锥　　（b）车内圆锥

图 2 - 41　成型车刀车削法

4. 机械靠模法

该方法需借助专用的靠模工具，适用于成批加工锥度较小、精度要求高的圆锥工件，如图 2 - 42 所示。

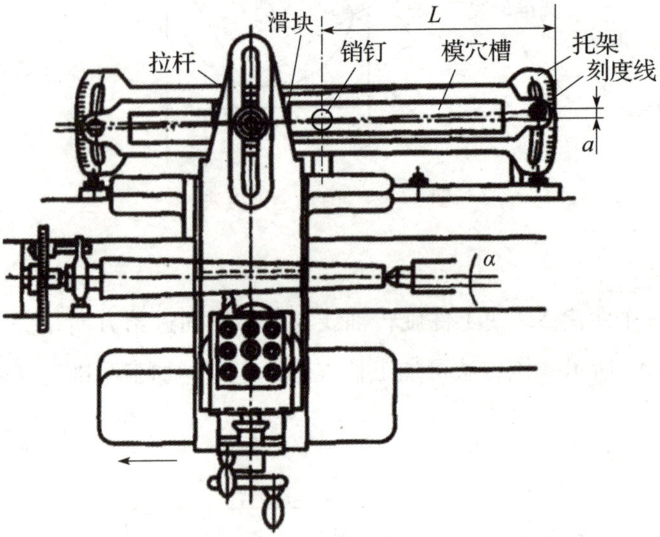

图 2 - 42　机械靠模法

三、车圆锥的操作要点

（1）刀尖轨迹与工件轴线之间所夹的斜角必须正确。因为斜角是否正确，直接影响工件的锥度是否准确。

（2）安装车刀时，必须使刀尖与车床主轴轴线等高。若刀尖装得不准，车出的圆锥母线就不直，会出现中间凹进去的现象；当大径 D 正确时，小端直径 d 增加，使得锥度变小。

（3）要认真检验。圆锥不像圆柱那样比较容易测量，所以要更加细心，防止出现差错。

四、圆锥表面的检验

检验锥体要用到套规。先在工件上沿锥体母线均匀地涂上 3 条红丹粉线，再将套规轻轻套入锥体，转动 1/3 ～ 1/2 转，然后拔出套规，如锥体上的红丹粉被均匀地擦去，说明锥度正确，若大端表面被擦去，小端表面未被擦去，说明锥度太大，反之则锥度太小。

检验锥孔要用到塞规。将红丹粉涂在塞规上进行检验，方法同锥体检验。

用套规和塞规检验圆锥表面的另一种方法如图 2－43 所示。只要保证锥孔大端面在插入的塞规大端两条刻线外，或锥体小端面在套入的套规小端处的台阶孔间，即说明圆锥大端直径尺寸和小端直径尺寸在公差范围内。

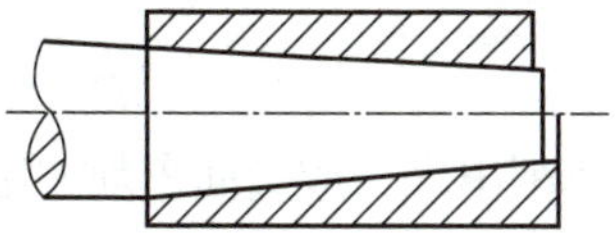
（a）套规检验锥体

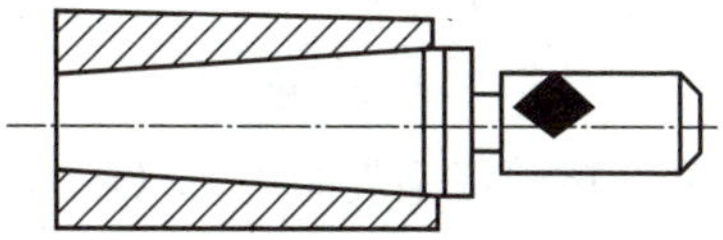
（b）塞规检验锥孔

图 2－43　圆锥表面的检验

对于大锥度工件，可用游标万能角度尺或样板检验锥度。

任务七　车成型面与滚花

理论学习工单七（一）

请结合本任务所学回答以下问题：

简述双手操纵法车成型面的方法和步骤。

一、车成型面

手柄、手轮和圆球等成型表面均可以在车床上车削出来，成型面车削方法包括以下几种：

1. 双手操纵法

对于单件、小批量成型面零件，可用双手同时操纵纵向和横向手动进给来车削，使刀尖的运动轨迹与工件成型面母线轨迹一致，双手操纵法如图 2－44 所示。右手摇小拖板手柄，左手摇中拖板手柄，也可在工件对面放一样板，以便对照所车工件的曲线轮廓。在车成型面的过程中，要经常用样板检查，确定应该修整哪个部位，最后还要用细的半圆锉和砂布打光。

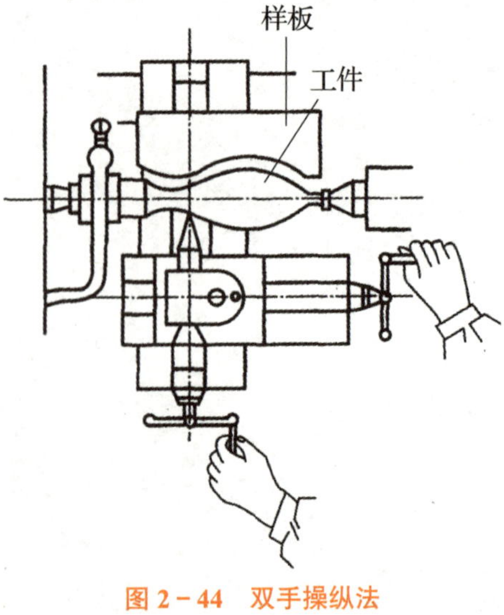

图 2－44　双手操纵法

双手操纵法的优点是不需要其他辅助工具就可车成型面，缺点是工件的精度和粗糙度不高，需要操作人员掌握较熟练的操作技术，而且生产效率低。

2. 成型车刀法

成型车刀法是指用类似工件轮廓线的成型车刀车出所需工件的轮廓线，如图 2-45 所示。车刀与工件接触面较大，易振动，应选用较低的转速和小进给量。应确保车床的刚度和功率不宜较大，成型面精度要求低，成型刀应磨出前角。使用成型车刀之前，应先用普通车刀把工件车到接近成型面的形状，再用成型车刀精车。该方法生产效率高，但刀具刃磨困难，故适用于产量较大的批量生产，或车削刚性较好、轴向长度短且较简单的成型面零件。

3. 靠模法

靠模法是指利用刀尖运动轨迹与靠模形状完全相同的方法车出成型面，如图 2-46 所示。靠模安装在床身后面，车床中拖板需与其丝杠脱开，前端连接板上装有滚柱，当大拖板纵向自动进给时，滚柱即沿靠模的曲线槽移动，从而带动中拖板和车刀进行曲线走刀，最终车出成型面。车削前，小拖板应转 90°，以便通过它做横向移动，注意调整车刀位置并控制切深。该方法操作简单，生产效率高，但需制造专用模具，适用于批量生产轴向长度长、形状简单的成型面零件。

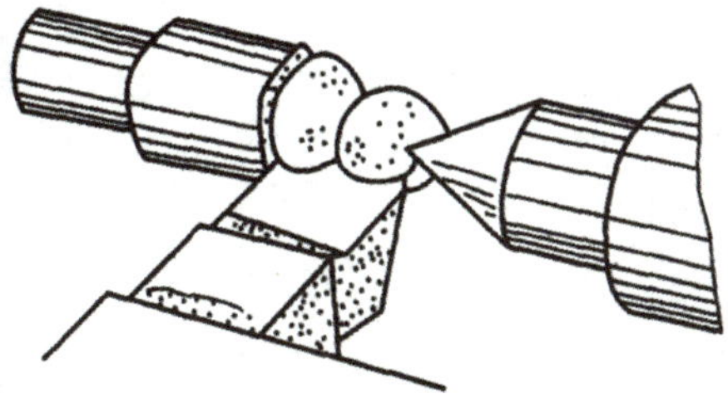

图 2-45　成型车刀法

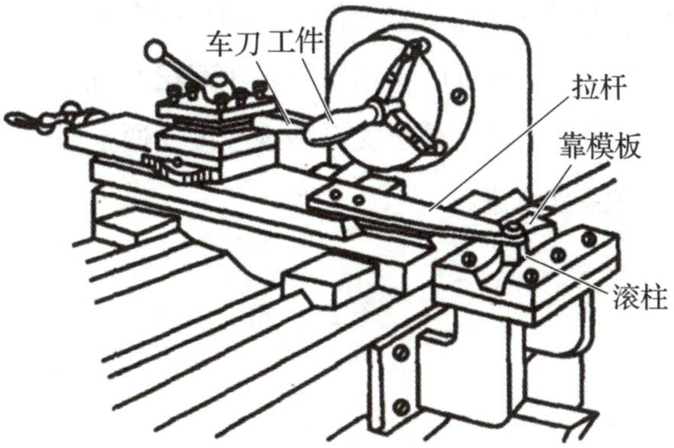

图 2-46　靠模法

理论学习工单七（二）

请结合本任务所学回答以下问题：

简述滚花的方法、步骤及注意事项。

二、滚花

用滚花刀在工件表面压出直线或网纹的方法称为滚花。滚花刀按花纹分有直纹和网纹两种类型，按花纹的粗细分有多种类型，按滚花轮的数量可分为单轮、双轮和三轮 3 种。滚花刀及滚花方法如图 2－47 所示。

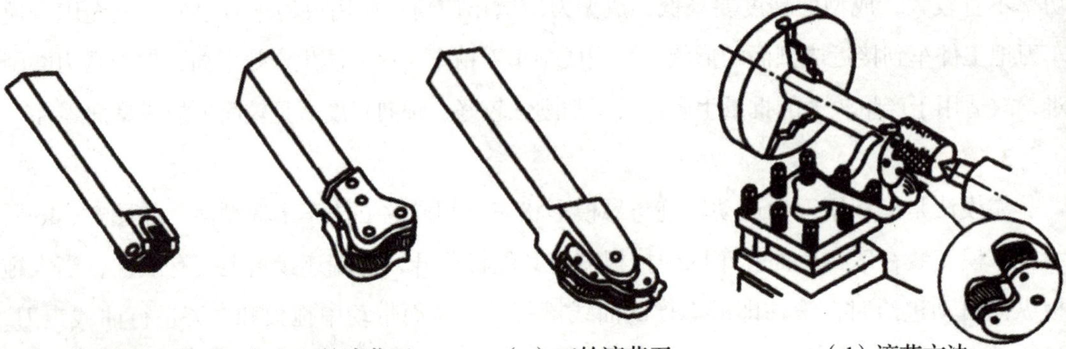

（a）单轮滚花刀　（b）双轮滚花刀　（c）三轮滚花刀　（d）滚花方法

图 2－47　滚花刀及滚花方法

滚花时，工件以低速旋转，滚轮柄装夹在刀架上，通过横向进给，压紧工件表面，花纹深度与滚花轮压紧工件表面的程度有关，但不能一次压得太紧，应边滚边加深。为了避免滚花刀损坏并防止细屑滞塞在滚花刀内而产生乱纹，应充分供给切削液。

滚花后的工件可提升美观程度，便于握持。通常，螺纹环规、千分尺的套管和手拧螺母等需要滚花。

理论学习工单八

请结合本任务所学回答以下问题：

简述车削管螺纹的方法、步骤及注意事项。

一、螺纹的类型与标记

螺纹的类型与标记见表 2－4。

表 2－4　螺纹的类型与标记

螺纹类型	牙型代号	标记	说明
粗牙普通螺纹	M	M16—6H M24L—6g	公称直径为 16mm，螺距 P=2mm，中径顶径公差带为 6H 的内螺纹。 公称直径为 24mm，螺距 P=-3mm，中径顶径公差带为 6g 的左旋外螺纹
细牙普通螺纹	M	M16 × 1.5—6g	公称直径为 16mm，螺距 P=1.5mm，中径顶径公差带为 6g 的外螺纹
55° 非密封管螺纹	G	G1—LH G1A	1″ 左旋 55° 非密封管螺纹内螺纹。 1″ A 级 55° 非密封管螺纹外螺纹
梯形螺纹	T	T55 × 12LH—6	公称直径为 55mm，螺距 P=12mm，6 级精度左旋梯形螺纹

在车床上，可以用米制螺纹传动链车普通螺纹，用寸制螺纹传动链车管螺纹及寸制螺纹，用模数螺纹传动链车米制蜗杆，还可以用径节螺纹传动链车径节螺纹（寸制蜗杆）。

车削前可根据螺距 P、牙数 / 英寸、模数 m、径节 D_P、查进给量与螺距铭牌，确定不同类型螺纹在车床上的不同调整方法。

二、螺纹各部分名称及尺寸计算

普通螺纹各部分尺寸如图 2－48 所示。大写字母为内螺纹各名称的代号，小写字母为外螺纹各名称的代号。

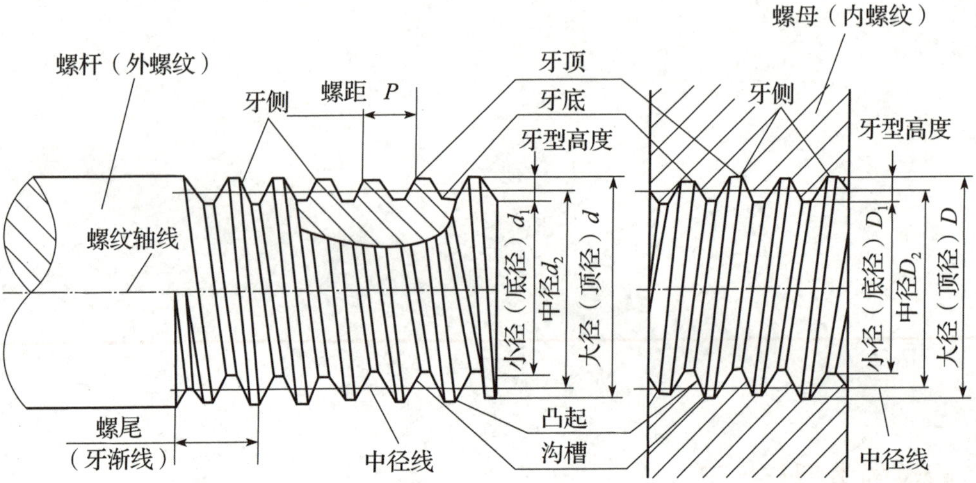

图 2－48　普通螺纹各部分尺寸

（1）大径（公称直径）：$D(d)$。

（2）中径：$D_2(d_2)=D(d)-0.6495P$。

（3）小径：$D_1(d_1)=D(d)-1.082P$。

（4）螺距：P，相邻两牙在轴线方向上对应点间的距离。

（5）牙型角：α，螺纹轴向剖面内螺纹两侧面的夹角，米制为 60°，寸制为 55°。

（6）线数：n，同一螺纹上螺旋线的根数。

（7）导程：L，$L=nP$，当 $n=1$ 时，$P=L$。管螺纹通常为单线，螺距即为导程。

其中，P、α、$D_2(d_2)$ 是决定螺纹的 3 个基本要素，只有这 3 个参数一致时，内、外螺纹才能配合良好。

三、在车床上加工内、外螺纹的方式

1. 板牙与丝锥加工螺纹

直径较小的外、内螺纹可用板牙与丝锥等工具在车床上加工。加工时，要选用车床的最低转速，加油润滑。每加工一个工件后，要及时清除工具内的切屑。

2. 车螺纹

在车床上车制各种螺纹时，为了获得正确的螺距，必须用丝杠带动刀架进给，使工件每转一周刀具移动的距离等于工件的螺距或导程（单头螺纹为螺距，多头螺纹为导程），车螺纹时的传动路线如图 2-49 所示。可见，更换配换齿轮或改变进给箱手柄，即可改变丝杠的转速，从而车出不同螺距或导程的螺纹。配置三星轮是为了改变刀具的移动方向，以满足车削左右旋螺纹的需要。

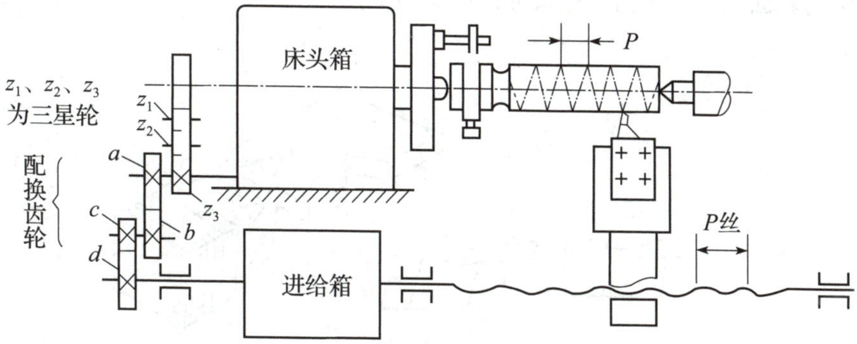

图 2-49 车螺纹时的传动路线

四、车管螺纹

在车床上车管螺纹，有高速钢车刀低速车削和硬质合金车刀高速车削两种方法。

1. 高速钢车刀低速车削管螺纹

螺纹截面形状的精确度取决于螺纹车刀刃磨后的形状及其在车床上安装的位置是否正确。

车刀可采用整体式高速钢螺纹车刀（见图 2-50），若选用弹性刀杆装夹的高速钢螺纹车刀（见图 2-51），可避免车削时扎刀，车削的螺纹表面质量也高。

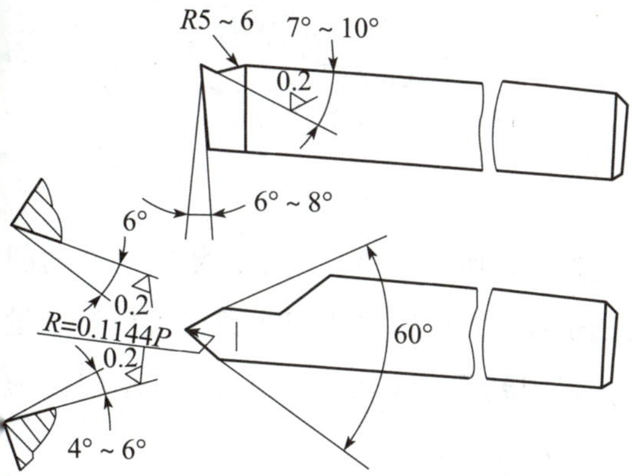

图 2-50 整体式高速钢螺纹车刀

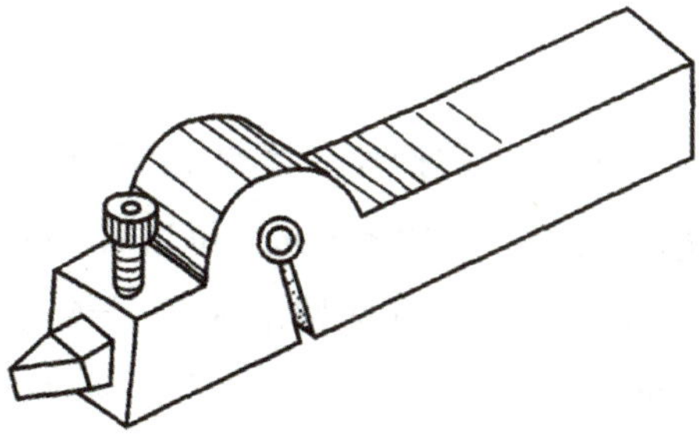

图 2-51 弹性刀杆装夹的高速钢螺纹车刀

加工精度要求不高的螺纹或粗加工时，高速钢车刀磨出前角 γ_0=7° ~ 10°，则刀尖角 ε 应为 59°，前角越大，刀尖角越小。管螺纹的螺旋升角很小，可忽略不计，故只要磨出车刀两侧后角为 6° ~ 8° 即可。加工精度要求高的螺纹或精加工时，刀尖角 ε 应等于螺纹牙型角（米制为 60°，寸制为 55°），前角 γ_0=0°，以保证得到正确的牙型。螺纹车刀刃磨后，车刀前、后刀面的表面粗糙度 *Ra* 要低。精车时，可用油石研磨螺纹车刀的前后刀面，以提高精车质量。

刃磨螺纹车刀时，一般用样板测量刀尖角，如图 2－52 所示。测量时，样板水平放置，与刀尖的基面在同一平面，用透光法检验刀尖角。

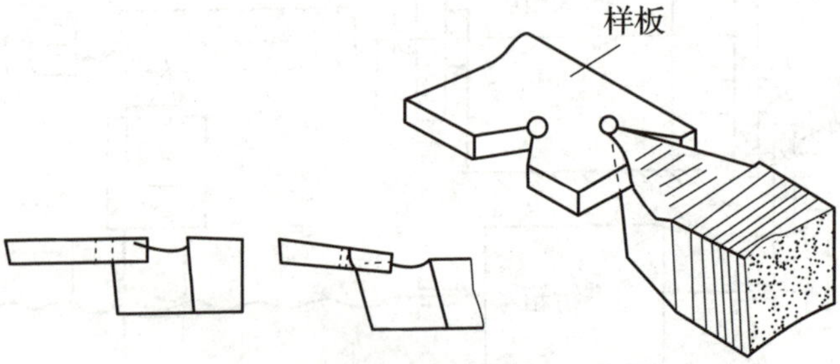

（a）正确　　（b）不正确

图 2－52　用样板测量刀尖角

螺纹车刀的安装要求：刀尖中心与车床主轴轴线严格等高，刀尖角的等分线垂直主轴轴线，使螺纹两牙型半角相等。外螺纹车刀的安装如图 2－53 所示。

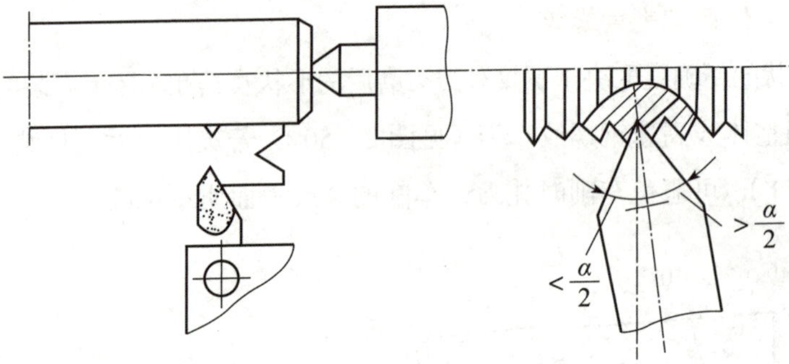

图 2－53　外螺纹车刀的安装

车螺纹的操作步骤见表 2－5。车螺纹时要选择好切削用量，通常，粗车时选切削速度 v_c=13 ~ 18 m/min，每次背吃刀量为 0.15mm 左右，计算好吃刀次数，留精车余量 0.2mm；精车时选切削速度 v_c=5 ~ 10 m/min，每刀切深为 0.02 ~ 0.05mm，总切深为 1.08*P*。

表 2-5　车螺纹的操作步骤

序号	操作内容	示意图
1	开车，使车刀与工件轻微接触，记下刻度盘读数，向右移出车刀	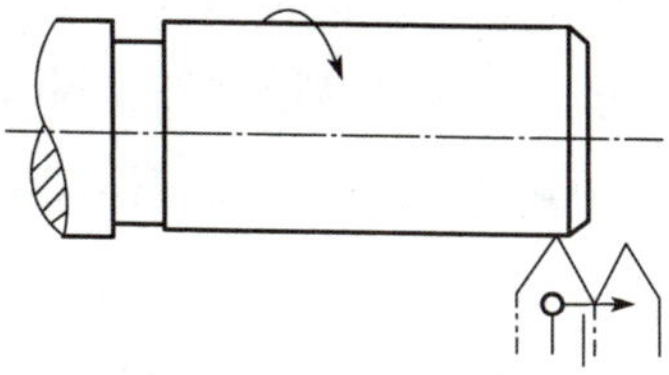
2	合上开合螺母，在工件表面上车出一条螺纹线，横向退出车刀，停车	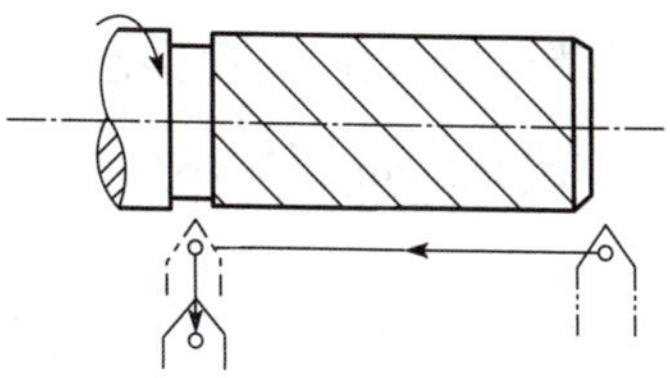
3	开反车使车刀退到工件右端，停车，用钢直尺检查螺距是否正确	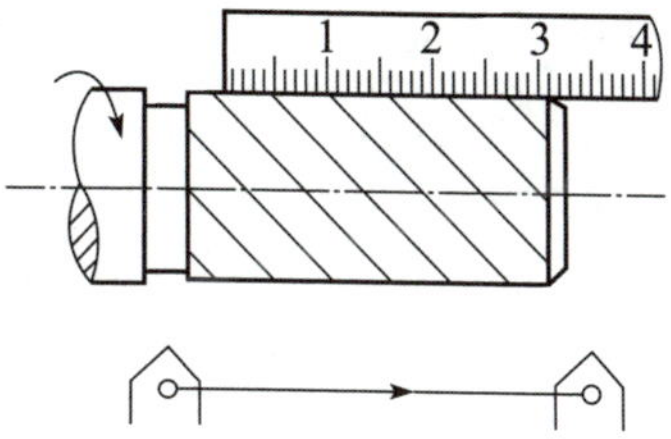
4	利用刻度盘调整吃刀量，开车切削，车钢料时加切削液	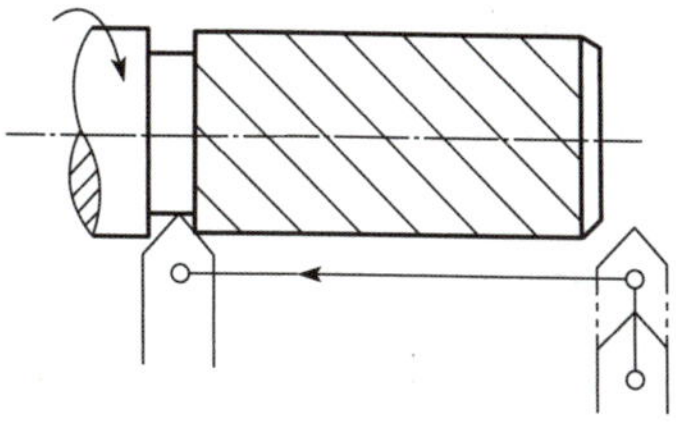
5	车刀将至行程终了时，应做好退刀停车准备，先快速推出车刀再停车，开反车退回刀架	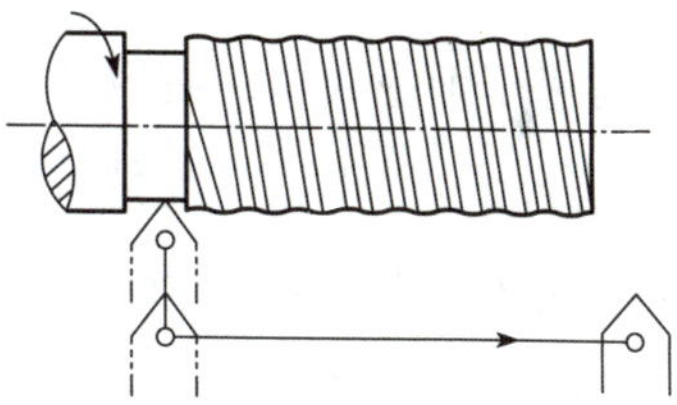
6	横向进刀，继续切削，切削路线如右图所示	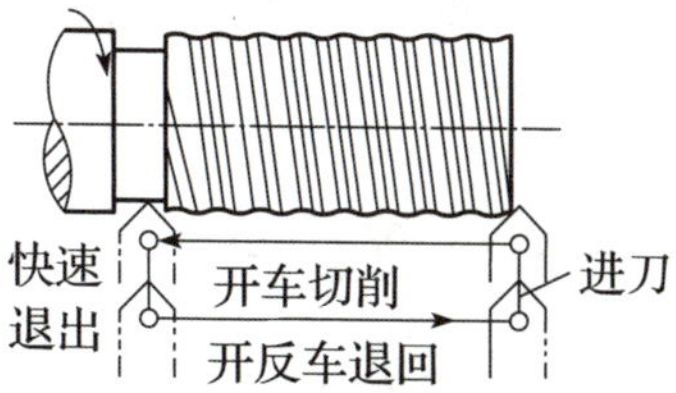

为了避免车刀与螺纹槽对不上而产生“乱扣”，在车削过程中和退刀时应始终保持主轴至刀架的传动系统不变，即不得脱开传动系统中任何齿轮或对开螺母。如果车床丝杠螺

距是工件导程的整数倍，可在正车时，按下开合螺母手柄车螺纹，扳起开合螺母手柄停止进给。

粗车螺纹时，用这种方法可提高效率。精车螺纹时，还是通过倒车退刀，不要扳起开合螺母，这样容易控制加工尺寸和表面粗糙度。

车螺纹时，要不断用切削液冷却、润滑工件。

2. 硬质合金车刀高速车削管螺纹

硬质合金车刀的几何角度如图 2－54 所示。刀尖磨出 $R0.5$mm 圆弧，两主切削刃负倒棱。车削方法和用高速钢车刀时相同，切削速度 v_c=20 ～ 50 m/min，每刀切深取 0.25mm（粗车）或 0.15mm（精车）。

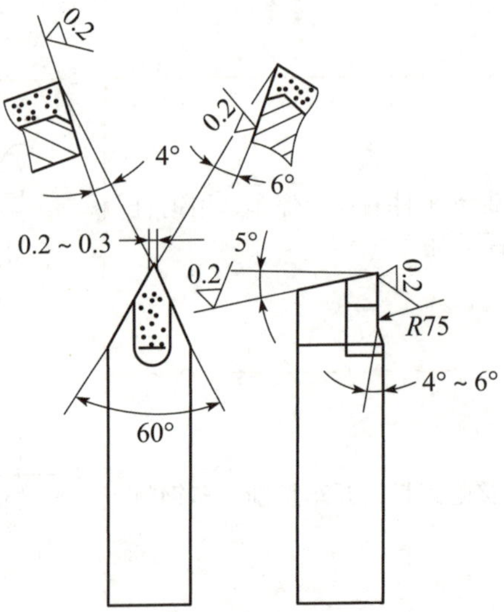

图 2－54　硬质合金车刀的几何角度

高速车削螺纹可以提高生产效率，但对操作人员的技术要求较高。例如，退刀时间往往在几分之一秒以内，要熟练、准确地操作，不然会撞坏刀具，造成设备事故。

高速车削螺纹时切削力大，弹性变形引起的螺纹牙型误差也较大，常会导致刀尖碎裂，碎粒会嵌入螺纹中。如不及时清除这些碎粒而继续车削，会导致车刀崩刃。

可用手锯清除这些碎粒，锯削至出现工件粉屑方可继续车削。

五、螺纹检验方法

1. 综合检验法

批量生产时，常采用螺纹量规综合检验法，如图 2－55 所示。外螺纹用螺纹环规，内螺纹用螺纹塞规。通端能进入啮合，止端不能旋入。

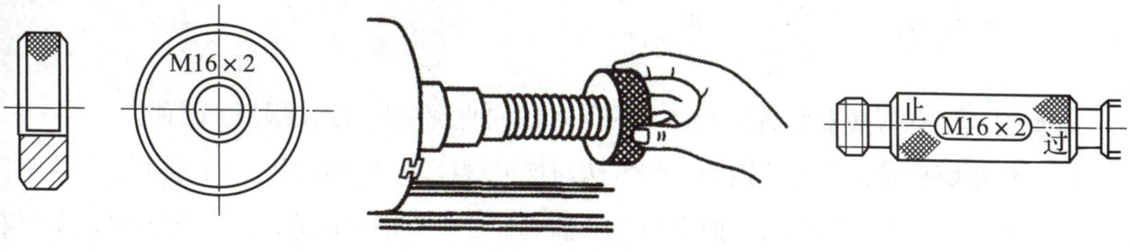

（a）螺纹环规　（b）检测方法　（c）螺纹塞规

图 2－55　螺纹量规综合检验法

2. 中径测量法

如图 2－56 所示，用螺纹千分尺测量外螺纹中径时，首先要查出外螺纹中径的最大和最小极限尺寸。

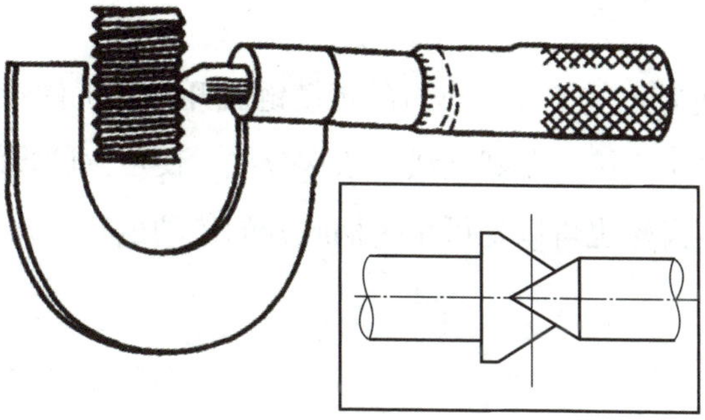

图 2－56　测量外螺纹中径

用螺纹千分尺时，先根据牙型角和螺距选择相应的测量头并装在螺纹千分尺上，然后校对零位，当切削深度总量达到 1P（螺距）时，停车，用螺纹千分尺测量被加工的螺纹中径。

测量的方法类似于应用外径千分尺测量，两测头的中心连线要垂直于螺纹轴线。

使用螺纹千分尺测量时，方法一定要正确，而且要经常校零位。

3. 测量螺距和牙型角

试车一刀后可用钢直尺测量螺距。检修螺纹件时，若不知道螺纹的螺距和牙型角，可用螺距规和螺纹样板来测量。测量螺距和牙型角的方法如图 2－57 所示。

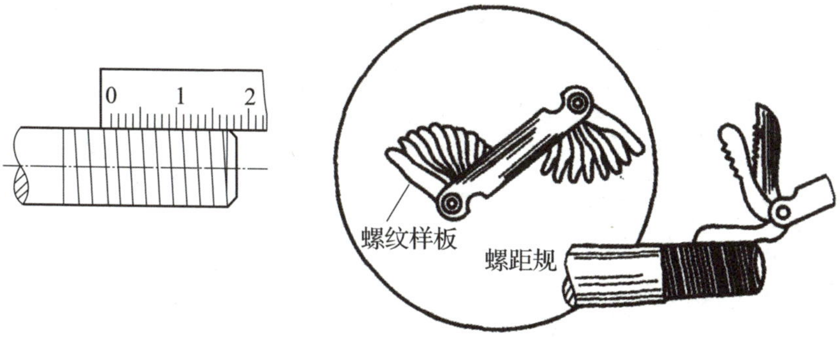

（a）用钢直尺测量　（b）用螺距规测量

图 2－57　测量螺距和牙型角

六、蜗杆的车削

常见的蜗杆有阿基米德蜗杆（ZA 蜗杆）和法向直廓蜗杆（ZN 蜗杆）两种。

粗、精车蜗杆时，车刀选用和车削方法与梯形螺纹车刀基本相似。车削阿基米德蜗杆装刀时，车刀左右刀刃组成的平面应与工件轴线重合；车削法向直廓蜗杆装刀时，车刀左右刀刃组成的平面应垂直于齿面。

多线蜗杆的车削要应用轴向分线法或圆周分度法。

1. 轴向分线法

车好第一条螺旋线后，将车刀沿工件轴向移动一个螺距再车削第二条螺旋线。可转动小拖板手柄，通过其刻度值控制移动的螺距值，也可用量块控制螺距值。

2. 圆周分度法

车好第一条螺旋线后，使工件与车刀的传动链脱开，将工件转过（360°/n），n 为蜗杆线数，合上传动链后再车削第二条螺旋线。依次分线，便可车削多线蜗杆。脱开该传动链的传动副，可以是交换齿轮也可以是可用手柄脱开的传动齿轮，只是这些齿轮的齿数必须是蜗杆线数的整数倍。

单元四 生产实践

技能训练一 阶梯轴零件加工

一、任务内容

车削如图 2－58 所示的工件。

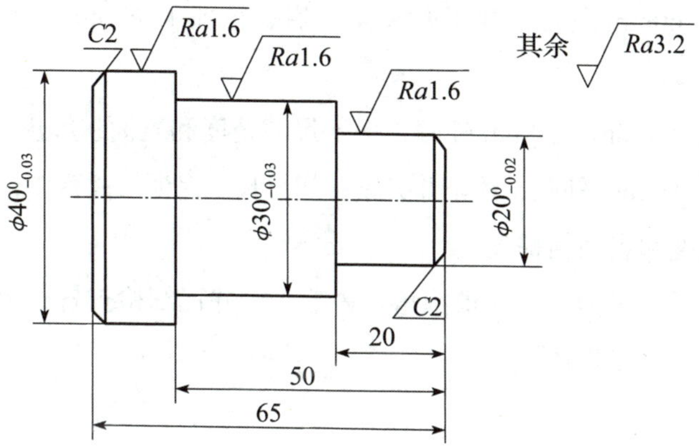

图 2－58 阶梯轴

二、任务要求

（1）进一步练习车床操作技巧。

（2）达到图样规定的尺寸和精度要求。

（3）安全文明生产，养成良好的职业习惯。

三、图样分析

该零件为典型阶梯轴类零件，车削内容包括外圆周面、端面、台阶面、槽、锥面、倒角等，零件总长 90mm，最大直径为 28mm，各部分均有尺寸公差要求。

四、任务准备

（1）工具：刀架扳手等常用工具。

（2）量具：游标卡尺、深度游标卡尺、钢直尺等。

（3）刀具：90°、45° 外圆车刀。

（4）设备：CA6140 车床。

（5）毛坯材料：45 钢，ϕ45mm × 90mm 毛坯棒料若干。

五、任务实施

做好自身防护，按要求穿戴好劳动服、鞋、帽、眼镜；用刀架扳手将刃磨好的各种车刀安装在刀架上，并用钢直尺等工具调正位置。加工过程如下：

（1）工件伸出 60mm 左右，找正并夹紧；粗、精加工 ϕ30mm × 50mm 外圆，保证尺寸精度和表面粗糙度。

（2）粗精加工 ϕ20mm × 20mm 外圆，保证尺寸精度和表面粗糙度，倒角。

（3）调头夹紧 ϕ30mm 外圆，找正并夹紧；切总长并保证尺寸精度；粗、精加工 ϕ40mm 外圆，保证尺寸精度和表面粗糙度。

（4）加工完毕后，根据图样要求倒角、去毛刺，并仔细检查各部分尺寸。

（5）卸下工件，完成操作。

六、任务考核

加工完成后填写表 2 - 6。

表 2 - 6　阶梯轴零件加工评分表

序号	检测项目	配分	评分标准	检测结果	得分
1	$\phi30^{0}_{-0.03}$mm	10	每超差 0.01 扣 2 分		
2	$\phi40^{0}_{-0.03}$mm	10	每超差 0.01 扣 2 分		
3	$\phi20^{0}_{-0.02}$mm	12	每超差 0.01 扣 3 分		
4	表面粗糙度 *Ra*1.6μm，3 处	12（每处 4）	每降一级扣 2 分		
5	其余表面粗糙度 *Ra*3.2μm	6	超差不得分		
6	65mm	5	超差不得分		

续表

序号	检测项目	配分	评分标准	检测结果	得分
7	50mm	5	超差不得分		
8	20mm	5	超差不得分		
9	倒角、去毛刺，2 处	10	每处不符合扣 5 分		
10	安全文明生产	20	按相关安全操作规程酌情扣 1 ～ 20 分		
总分		100	总得分		

技能训练二　带锥阶梯轴类零件加工

一、任务内容

车削如图 2－59 所示的工件。

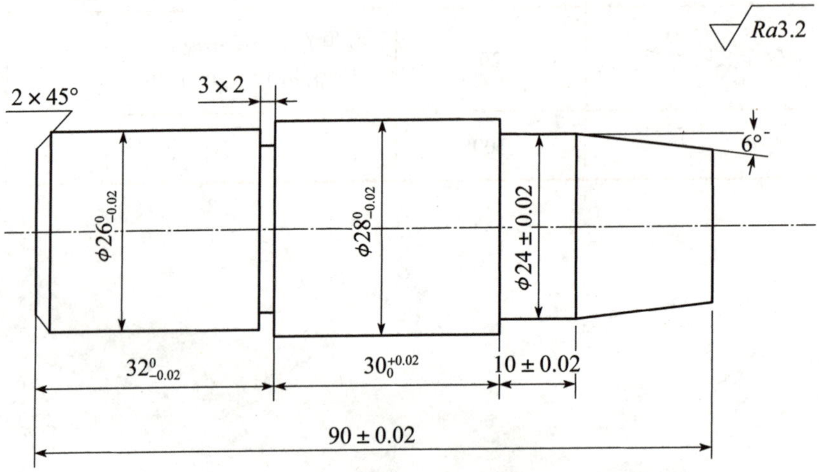

图 2－59　带锥阶梯轴

二、任务要求

（1）进一步练习车床操作技巧。

（2）达到图样规定的尺寸和精度要求。

（3）安全文明生产，养成良好的职业习惯。

三、图样分析

该零件为典型阶梯轴类零件，车削内容包括外圆周面、端面、台阶面、槽、锥面、倒角等，零件总长 90mm，最大直径为 28mm，各部分均有尺寸公差要求。

四、任务准备

（1）设备：CA6140A 车床。

（2）毛坯材料：45 钢，ϕ35mm × 200mm 棒料 1 根。

（3）常用工具：刀架扳手、卡盘扳手、铁钩、护目镜等。

（4）刀具：90° 外圆车刀、45° 外圆车刀、切断刀、切槽刀等。

（5）量具：游标卡尺、千分尺、深度游标卡尺、游标万能角度尺、钢直尺、磁力表座、百分表等。

五、任务实施

做好自身防护，按要求穿戴好劳动服、鞋、帽、眼镜；用刀架扳手将刃磨好的各种车刀安装在刀架上，并用钢直尺等工具找正位置。加工过程如下：

1. 加工 ϕ26mm 端

（1）工件伸出 105mm 左右，找正并夹紧，平端面，棒料粗车至 ϕ29mm × 92mm，借助游标卡尺测量。

（2）用 90° 外圆车刀，以转速 450r/min 粗车外圆台阶各部，至 ϕ27mm × 31mm、ϕ29mm × 32mm、ϕ25mm × 29mm，直径留 1mm 加工余量，借助游标卡尺测量。

（3）用 90° 外圆车刀，以转速 600 ~ 700r/min 精车各部，至 ϕ26mm × 32mm、ϕ28mm × 30mm，达到尺寸要求，借助游标卡尺测量。

（4）用 3mm 切槽刀，以转速 450r/min 切 3mm × 2mm 槽，借助游标卡尺测量。

（5）用 45° 外圆车刀，以转速 600 ~ 700r/min 对各棱进行倒角，达到尺寸要求。

（6）用切断刀，以转速 600 ~ 700r/min 切断总长 91mm，借助钢直尺测量。

（7）用卡盘扳手拆卸工件。

2. 调头装夹并找正，加工圆锥端

（1）夹持 ϕ26mm × 32mm 部分，用百分表测量并找正。

（2）用 90° 外圆车刀，以转速 600 ~ 700r/min 精车各部，至 ϕ24mm × 28mm，达到尺寸要求。

（3）用 90° 外圆车刀，以转速 560r/min，借助小托板调整 6° 车圆锥面，并达到尺寸要求。

3. 卸下工件并进行质量评测

（1）卸下工件，关闭车床。

（2）按规定回收工具，清理车床，打扫周边卫生。

（3）利用各种量具对工件进行测量并评分。

六、任务考核

加工完成后填写表 2－7。

表 2－7　带锥阶梯轴类零件加工评分表

序号	检测项目	配分	评分标准	检测结果	得分
1	$\phi 26^{0}_{-0.02}$mm	10	超差不得分		
2	$\phi 28^{0}_{-0.02}$mm	10	超差不得分		
3	ϕ24mm ± 0.02mm	10	超差不得分		
4	$32^{0}_{-0.02}$mm	10	超差不得分		
5	$30^{+0.02}_{0}$mm	10	超差不得分		
6	10mm ± 0.02mm	2	超差不得分		
7	90mm ± 0.02mm	10	超差不得分		
8	6° 锥面	10	超差不得分		
9	表面粗糙度 *Ra*3.2μm（10 处）	10	每处不符扣 1 分		
10	未注倒角去毛刺（4 处）	8	每处不符扣 2 分		
11	安全文明生产	10	按相关安全操作规程酌情扣 1 ～ 10 分		
总分		100	总得分		

技能训练三　外螺纹轴类零件加工

一、任务内容

车削如图 2－60 所示的工件。

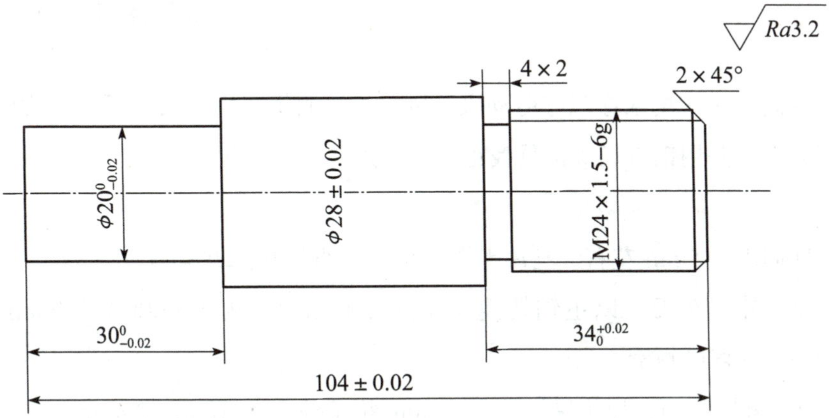

图 2－60　外螺纹轴

二、任务要求

（1）进一步练习车床操作技巧。

（2）达到图样规定的尺寸和精度要求。

（3）安全文明生产，养成良好的职业习惯。

（4）学会车削外管螺纹。

三、图样分析

该零件为典型螺纹轴类零件，车削内容包括外圆周面、端面、台阶面、槽、倒角、螺纹等，零件总长 104mm，最大直径为 28mm，各部分均有尺寸公差要求，需根据零件尺寸及特征合理选用工量具及切削用量。

四、任务准备

（1）设备：CA6140A 车床。

（2）材料：ϕ35mm × 200mm 的 45 号钢 1 根。

（3）常用工具：刀架扳手、卡盘扳手、铁钩、护目镜、毛刷等。

（4）刀具：90° 外圆车刀、45° 外圆车刀、三角形外螺纹车刀、切槽刀、切断刀等。

（5）量具：游标卡尺、外径千分尺、深度游标卡尺、磁力表座、百分表、对刀样板、M24 × 1.5 螺纹环规等。

五、任务实施

做好自身防护，按要求穿戴好劳动服、鞋、帽、眼镜；用刀架扳手将刃磨好的各种车刀安装在刀架上，并用钢直尺等工具找正位置。加工过程如下：

1. 加工 ϕ20mm 端

（1）工件伸出 115mm 左右，利用卡盘扳手、钢直尺找正并夹紧。

（2）用 90° 外圆车刀，以主轴转速 450r/min 平端面，粗车外圆至 ϕ29mm × 110mm，借助游标卡尺、钢直尺测量。

（3）用 90° 外圆车刀，以主轴转速 450r/min 粗车外圆 ϕ21mm × 29mm。

（4）用 90° 外圆车刀，以主轴转速 450r/min 粗车螺纹部分的外圆至 ϕ25mm × 34mm。

（5）用 90° 外圆车刀，以主轴转速 600 ～ 700r/min 精车至 ϕ20mm × 30mm，ϕ28mm 外圆。

（6）用 45° 外圆车刀去毛刺并倒角。

（7）用切断刀在 105mm 长度处切断。

2. 调头装夹，在 ϕ28mm 的外圆上找正，加工螺纹端

（1）用磁力表座、百分表找正后夹紧。

（2）用 90° 外圆车刀，粗、精平端面，车至总长 104mm。

（3）用 90° 外圆车刀，以主轴转速 450r/min 粗车至 ϕ24mm × 34mm。

（4）用切槽刀切 4mm × 2mm 槽。

（5）用 45° 外圆车刀对螺纹端 2 × 45° 倒角。

（6）用外螺纹车刀车 M24 × 1.5mm–6g 外螺纹。

3. 卸下工件并进行质量评测

（1）卸下工件，关闭车床。

（2）按规定回收工具，清理车床，打扫周边卫生。

（3）利用各种量具对工件进行测量并评分。

六、任务考核

加工完成后填写表 2－8。

表 2－8　外螺纹轴类零件加工评分表

序号	检测项目	配分	评分标准	检测结果	得分
1	$\phi 20^{0}_{-0.02}$mm	10	超差不得分		
2	$\phi 30^{0}_{-0.02}$mm	10	超差不得分		
3	ϕ28mm ± 0.02mm	10	超差不得分		
4	$34^{+0.02}_{0}$mm	10	超差不得分		
5	104mm ± 0.02mm	10	超差不得分		
6	4mm × 2mm	10	超差不得分		
7	M24 × 1.5mm−6g	10	超差不得分		
8	表面粗糙度 *Ra*3.2μm（10 处）	10	每处不符扣 1 分		
9	未注倒角去毛刺（5 处）	10	每处不符扣 2 分		
10	安全文明生产	10	按相关安全操作规程酌情扣 1 ～ 10 分		
总分		100	总得分		

技能训练四　内螺纹套类零件加工

一、任务布置

车削如图 2 - 61 所示的工件。

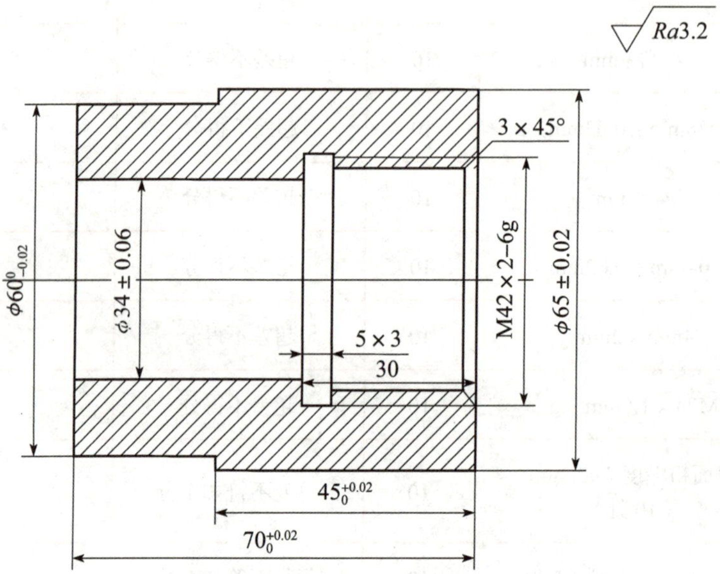

图 2 - 61　内螺纹套类零件

二、任务要求

（1）进一步练习车床操作技巧。

（2）达到图样规定的尺寸和精度要求。

（3）安全文明生产，养成良好的职业习惯。

（4）学会车削内管螺纹、镗削内孔。

三、图样分析

该零件为典型内螺纹套类零件，车削内容包括外圆周面、端面、台阶面、内槽、钻孔、镗孔、内螺纹等，零件总长 70mm，最大直径为 65mm，各部分均有尺寸公差要求，需根据零件尺寸及特征合理选用工量具及切削用量。

四、任务准备

（1）设备：CA6140A 车床。

（2）材料：ϕ68mm × 75mm 毛坯材料 1 段。

（3）刀具：90° 外圆车刀、45° 外圆车刀、镗孔刀、内槽刀、内螺纹刀、钻卡头、钻头、中心钻、回转顶尖等。

（4）量具：游标卡尺、外径千分尺（50 ～ 75）、深度游标卡尺、钢直尺、磁力表座、百分表等。

五、任务实施

做好自身防护，按要求穿戴好劳动服、鞋、帽、眼镜；用刀架扳手将刃磨好的各种车刀安装在刀架上，并用钢直尺等工具找正位置。加工过程如下：

（1）装夹工件，用 90° 外圆车刀，以主轴转速 450r/min 车削 ϕ67mm、长度 5mm 的台阶。

（2）掉头装夹 ϕ67mm × 5mm 的台阶。

（3）利用钻夹头夹紧中心钻，尾端锥柄安装在尾座上，用中心钻在工件端面钻中心孔。

（4）用回转顶尖顶住中心孔，用 90° 外圆车刀粗车外圆 ϕ67mm、ϕ62mm × 23mm 外圆。

（5）卸下工件，掉头装夹 ϕ62mm 的外圆，钻 ϕ25mm 的通孔。

（6）用镗刀粗车内孔，分次镗削通孔，使内孔直径尺寸达到 ϕ32mm。

（7）卸下工件，掉头装夹 ϕ67mm × 5mm 台阶，用尾座顶尖顶在 ϕ32mm 的内孔上。

（8）按图样要求精车 ϕ60mm × 25mm 及 ϕ65mm 外圆。

（9）松开顶尖，卸下工件，掉头装夹 ϕ60mm 外圆并伸出 10mm 长度，找正夹紧。

（10）车端面，使总长达到 70mm。

（11）精镗 ϕ34mm 的内孔至符合尺寸要求。

（12）镗内螺纹孔 ϕ40mm × 35mm。

（13）用内切槽刀切内螺纹 5mm × 3mm 退刀槽。

（14）用内螺纹左右刃倒螺纹端面内孔角。

（15）用内螺纹刀切削 M42 × 2mm–6g 内螺纹至尺寸要求。

（16）卸下工件，关闭车床。

（17）按规定回收工具，清理车床，打扫周边卫生。

（18）利用各种量具对工件进行测量并评分。

六、任务考核

加工完成后填写表 2－9。

表 2－9　内螺纹套类零件加工评分表

序号	检测项目	配分	评分标准	检测结果	得分
1	ϕ65mm ± 0.02mm	10	超差不得分		
2	ϕ60mm ± 0.02mm	10	超差不得分		
3	45mm ± 0.02mm	10	超差不得分		
4	70mm ± 0.02mm	10	超差不得分		
5	ϕ34mm ± 0.06mm	10	超差不得分		
6	M42 × 2mm–6g	20	超差不得分		
7	表面粗糙度 *Ra*3.2μm（6 处）	12	每处不符扣 2 分		
8	未注倒角去毛刺（4 处）	8	每处不符扣 2 分		
9	安全文明生产	10	按相关安全操作规程酌情扣 1 ~ 10 分		
总分		100	总得分		

技能训练五　盘套类零件加工

一、任务内容

车削如图 2－62 所示的工件。

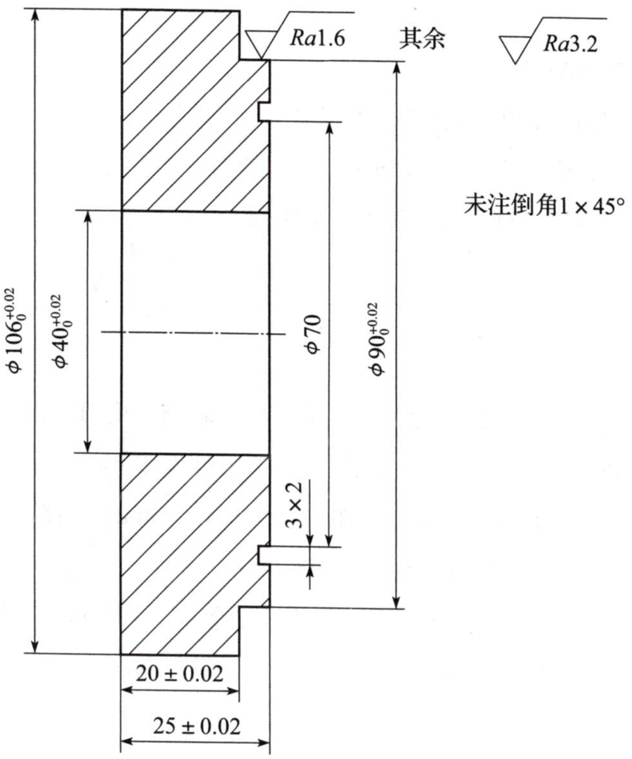

图 2－62　盘套类零件

二、任务要求

（1）进一步练习车床操作技巧。

（2）达到图样规定的尺寸和精度要求。

（3）安全文明生产，养成良好的职业习惯。

（4）学会车削内孔端面槽。

三、图样分析

该零件为典型盘套类零件，车削内容包括外圆周面、端面、台阶面、端面槽、钻孔镗孔等，零件总长 25mm，最大直径为 106mm，各部分均有尺寸公差要求，需根据零件尺寸及特征合理选用工量具及切削用量。

四、任务准备

（1）设备：CA6140A 车床。

（2）材料：ϕ110mm × 27mm 的毛坯料 1 块。

（3）刀具：90° 外圆车刀、45° 外圆车刀、内槽刀、镗孔刀、钻头、顶尖。

（4）量具：游标卡尺、钢直尺、深度游标卡尺。

五、任务实施

做好自身防护，按要求穿戴好劳动服、鞋、帽、眼镜；用刀架扳手将刃磨好的各种车刀安装在刀架上，并用钢直尺等工具找正位置。加工过程如下：

（1）装夹在毛坯 ϕ110mm 的外圆上，粗车 ϕ92mm × 5mm 的台阶及端面。

（2）钻 ϕ25mm 通孔，粗镗内孔至 ϕ38mm。

（3）卸下工件，掉头装夹在 ϕ92mm 的外圆上，精车 ϕ106mm 外圆及端面并倒角。

（4）卸下工件，掉头装夹在 ϕ106mm 的外圆上，精车端面至厚度 25mm，精车 ϕ90mm 外圆及 5mm 端面。

（5）精镗内孔 ϕ40mm。

（6）用内槽刀找正位置，切削 3mm × 2mm 槽。

（7）对各棱边倒角。

（8）卸下工件，关闭车床。

（9）按规定回收工具，清理车床，打扫周边卫生。

（10）利用各种量具对工件进行测量并评分。

六、任务考核

加工完成后填写表 2 - 10。

表 2-10 盘套类零件加工评分表

序号	检测项目	配分	评分标准	检测结果	得分
1	$\phi106_{0}^{+0.02}$mm	10	超差不得分		
2	$\phi40_{0}^{+0.02}$mm	10	超差不得分		
3	$\phi90_{0}^{+0.02}$mm	10	超差不得分		
4	3mm × 2mm	10	超差不得分		
5	25mm ± 0.02mm	10	超差不得分		
6	20mm ± 0.02mm	10	超差不得分		
7	表面粗糙度 *Ra*3.2μm（6 处）	12	每处不符扣 2 分		
8	未注倒角去毛刺（5 处）	10	每处不符扣 2 分		
9	安全文明生产	18	按相关安全操作规程酌情扣 1 ～ 18 分		
总分		100	总得分		

参考文献

[1] 郝宏伟，解景浦．金工实习［M］．杭州：浙江大学出版社，2013．

[2] 解景浦，郝宏伟．钳工技能训练［M］．青岛：中国海洋大学出版社，2021．

[3] 逯盛海，闫文平．车工技能训练［M］．青岛：中国海洋大学出版社，2021．

[4] 刘海，孙思炯．车工技能实训［M］．天津：天津大学出版社，2011.

[5] 刘海，孙思炯．钳工技能实训［M］．天津：天津大学出版社，2011.

[6] 徐茂功．极限配合与技术测量［M］．北京：机械工业出版社，2013．

[7] 严绍华，张学政．金属工艺学实习［M］．北京：清华大学出版社，2021．

[8] 邹专仁．金工实训［M］．北京：中国水利水电出版社，2020．

[9] 张国军，彭磊．钳工技术及技能训练［M］．北京：北京理工大学出版社，2012．